高等院校艺术与设计类专业“互联网+”创新规划教材
本书获湘潭大学教材建设基金出版资助

产品设计进阶

主　编　姚　湘
副主编　胡鸿雁　李江泳　邓　樱
　　　　何铭锋　那成爱　胡　蓉
参　编　郭雨晴　杨　熹　李婉姗
　　　　唐颖欣　江　奥　余祥杰

北京大学出版社
PEKING UNIVERSITY PRESS

内 容 简 介

本书为编者多年教学、科研和创新创业实践的成果，针对与社会发展经济需求紧密的智能家居产品设计、交通工具设计、情感交互产品设计、文化创意产品设计、家用医疗设备设计、玩具产品设计几大类产品，紧密围绕“产品设计要素 – 设计程序与方法 – 设计案例解析”三部分层层展开，图文结合，深入浅出，通俗易懂。

本书适用于高等院校工业设计和产品设计专业本科的产品开发设计类核心课程，也可供工业设计、设计艺术领域的企事业单位科研、设计人员参考。

图书在版编目 (CIP) 数据

产品设计进阶 / 姚湘主编. —北京：北京大学出版社，2020.1

高等院校艺术与设计类专业“互联网 +”创新规划教材

ISBN 978-7-301-31039-7

Ⅰ. ①产…　Ⅱ. ①姚…　Ⅲ. ①产品设计—高等学校—教材　Ⅳ. ① TB472

中国版本图书馆 CIP 数据核字 (2019) 第 291652 号

书　　名　产品设计进阶
CHANPIN SHEJI JINJIE
著作责任者　姚　湘　主编
策 划 编 辑　孙　明
责 任 编 辑　李瑞芳
数 字 编 辑　金常伟
标 准 书 号　ISBN 978-7-301-31039-7
出 版 发 行　北京大学出版社
地　　址　北京市海淀区成府路 205 号　100871
网　　址　http://www.pup.cn　新浪微博：@ 北京大学出版社
电 子 邮 箱　编辑部 pup6@pup.cn　总编室 zpup@pup.cn
电　　话　邮购部 010-62752015　发行部 010-62750672　编辑部 010-62750667
印 刷 者　北京宏伟双华印刷有限公司
经 销 者　新华书店
889 毫米 ×1194 毫米　16 开本　12.25 印张　376 千字
2020 年 1 月第 1 版　2024 年 1 月第 2 次印刷
定　　价　59.00 元

前　言

工业设计学科是一门艺术与科学交叉融合且应用性较强的学科。随着社会经济的发展与进步，工业设计学科也应不断提升自身品质与内涵，以适应国民经济和社会建设的需求。与此同时，工业设计教育也面临新的挑战和要求，不再只是停留在外观造型的层面，而是需要以科技创新为基础支撑，以文化创新为引导，以设计创新为方法，集成科学、技术、文化、艺术、社会、经济等诸多知识要素，以需求为导向，发挥人的创新、创造、创意能力，以实现推动企业自主创新能力提升、促进消费、发展经济的目标。

本书在武汉理工大学郑建启教授、湖南大学肖狄虎教授的指导和支持下，历经三载，完成了编写工作。同时，湘潭大学的李江泳、南华大学的邓樱、湖南工业大学的何铭锋、湖南科技大学的那成爱等老师，对本书提出了宝贵的意见。在此，对所有老师表示真诚的感谢！

本书共分为六章，具体编写分工如下：姚湘负责全书结构章节的编排，胡鸿雁负责全书的版式设计与文字校对，湘潭大学易丹、李迎新、唐颖欣、杨诗扬、朱诗彧、袁开祎参与了本书第一轮资料收集整理工作；胡蓉、郭雨晴、杨熹、李婉姗、唐颖欣、江奥、余祥杰参与了本书第二轮整理编辑工作；唐颖欣、吴淼、胡蓉负责本书的装帧设计。

由于编者学识有限，故书中欠妥之处在所难免，敬请学界同仁和广大读者批评指正。此外，书中所引用的部分图片，因无法一一注明出处，谨向这些图片的版权拥有者致以最衷心的歉意和感谢。

【资源索引】

编　者

2019 年 12 月

目　录

第一章　智能家居产品设计

智能家居概念起源于20世纪80年代初的美国，称为Smart Home。随着计算机技术、网络技术、控制技术及人工智能等的飞速发展，智能化社会已成为新世纪的发展趋势。与普通家居相比，智能家居不但具有传统的使用功能，而且能够提供信息交互功能，使人们能够在外部查看家居信息和控制家居的相关产品，便于人们有效安排时间，使家居生活更加安全、舒适。本章通过介绍一款智能植物生长装置的设计案例对此进行充分说明。

第一节　智能家居概念

一、发展背景

随着计算机技术、网络技术、控制技术及人工智能等的飞速发展，智能化社会已成为新世纪的发展趋势。在此之下，智能家居也随之迅猛发展起来。

二、智能家居的基本概念

智能家居概念起源于20世纪80年代初的美国，称为Smart Home。

与普通家居相比，智能家居不但具有传统的使用功能，而且能够提供信息交互功能，使人们能够在外部查看家居信息和控制家居的相关设备，便于人们有效安排时间，使家居生活更加安全、舒适。智能家居系统包括互联网、智能家电、控制器、家居网络及网关。智能家居的网络与网关是智能家电设备之间、互联网及用户之间能够信息交互的关键环节，是开发和设计阶段的重要内容和难点。

智能家居的最终目标是让家居环境更舒适、更安全、更环保、更便捷。物联网的出现使得现在的智能家居系统功能更加丰富、更加多样化和个性化，其系统功能主要集中在智能照明控制、智能家电控制、视频聊天及智能安防等方面，每个家庭可根据需求进行功能的设计、扩展或裁减。

三、智能家居的分类

智能家居的类型可从规模、服务特性及网络技术三个角度进行划分。

按照规模来划分，一种是以小区或楼宇为控制范围，完成楼宇对讲、抄表监控、能源计量等功能，需要对居住的用户集中控制与联网通信；另一种是以单个用户的室内空间为控制范围，完成室内家居的家电控制、灯光控制、部分安防控制等，不用与外部用户进行信息交互。

按照服务特性来划分，可分成舒适型、健康型及安全型三类。舒适型主要关注对居住环境或设备的多样性设计，使得智能家居功能尽量完善，如同时支持本地和远程控制；健康型主要关注对人们身心健康的环境或设备的设计，如空气净化系统的设计，或对老人、孩子及残疾人照顾的设计等；安全型则主要关注对家居内部和外部的安全监测和控制，如性能较高的安防系统和安全性较高的设备。

按照网络布线技术，主要分为三类，即基于分布式现场总线技术、基于集中控制技术和基于无线技术。

第二节　现代智能家居系统能够实现的功能和服务

【Nest Protect】

一、安防、监控系统

安防、监控系统包括各种门窗磁传感器、红外传感器、烟雾传感器、可视对讲、网络摄像等相关设备。这些设备将与社区的安全系统及社会公共安全服务体系结合，最终形成完善的家庭安全防范体系。

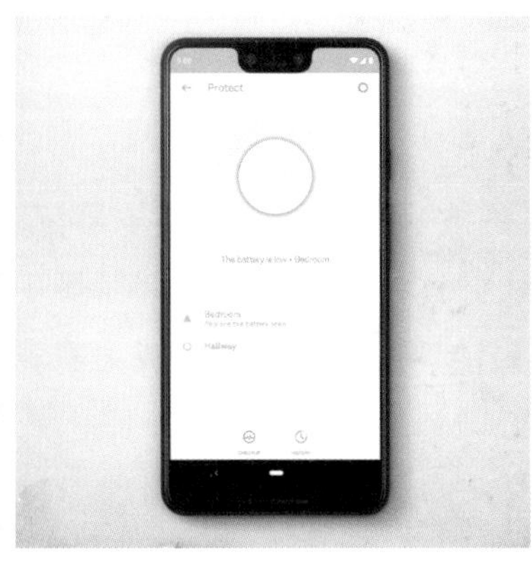

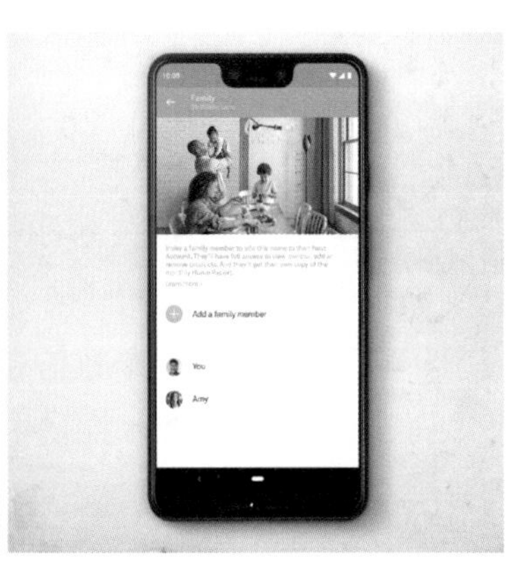

▲ 安防、监控：Nest Protect

Nest Protect 内置了烟雾传感器、一氧化碳传感器、热传感器、光传感器、活动传感器、湿度传感器这六种传感器，可以收集温度、湿度、亮度、一氧化碳含量等多种数据，并通过人的语音发出警报。它的外形为一个正方形的圆角盒子，中央有一个圆形按钮，按钮周围有一个光环，兼具自动照明灯（当你在夜里经过时会自动亮起，当你离开时，它会自动熄灭）和报警信号灯功能（当Nest Protect 发现烟雾或者一氧化碳时，会发出预警信息：光环会亮起来并且旋转，发出警报；与此同时，如果你的手机已经绑定Nest Protect，那么即便你不在事发现场，也可以在手机上收到报警信息。这时，你只需站在报警器附近，手臂距离报警器 0.6m ～ 2m 的距离，挥挥手臂，就可以暂时解除警报）。

二、多屏合一

家庭中的各种视频在互联网的环境下实现多屏融合，随时随地分享多媒体内容；智能终端、平板电脑、家电上的触控面板等，可以实现数据和信息的无缝显示和转移，而不仅仅局限于原产品的功能，将成为全方位的智能家居显示终端。

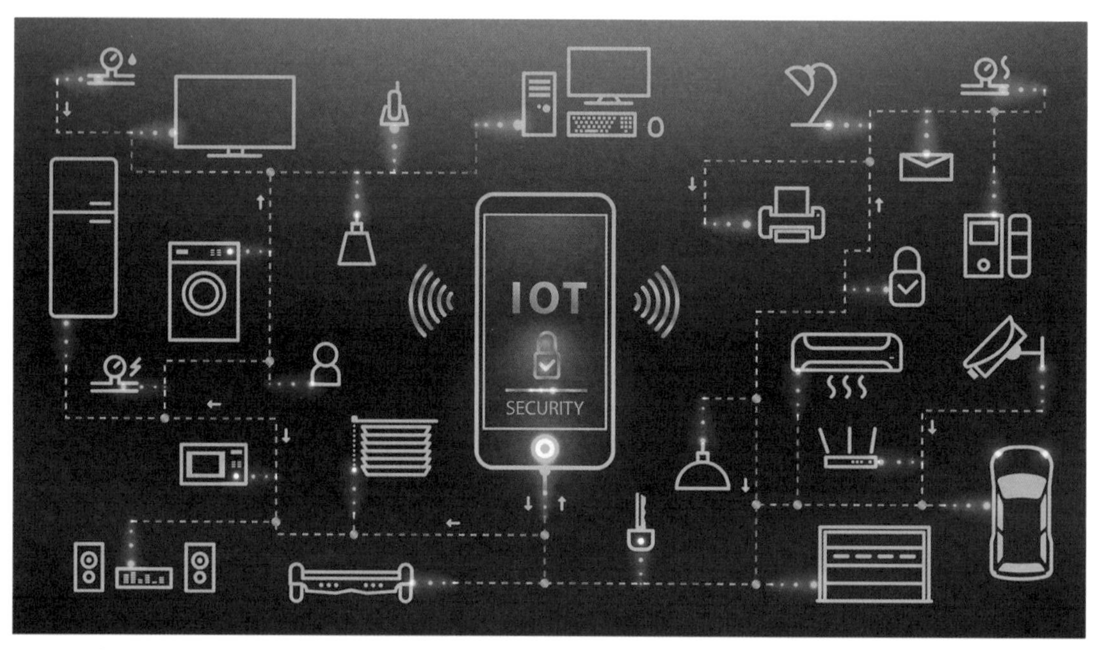

▲ 多屏合一展示

【海尔智慧家庭解决方案】

三、家电设备智能化

随着控制技术和网络技术的发展，家用电器逐步成为智能家居的重要组成部分，如冰箱、洗衣机、空调、热水器、微波炉、烤箱等逐步向智能家电发展，它们能够根据自身及外部的参数信息自动调整运行参数，成为家庭的食品管理中心、洗衣中心、空气管理中心及热水提供中心等，为人们提供更方便、更舒适的家庭生活环境。

四、智能社区服务

智能家居是智能社区的组成单元，两者的功能相辅相成。智能家居能够接收社区的管理信息，成为智能社区的家庭承载单元，如物业信息、收费信息、社区商店信息等，从而为智能社区提供最基本的数据信息。

智能家居系统还与服务平台相连，实现在线教育等一些特殊的家居应用。

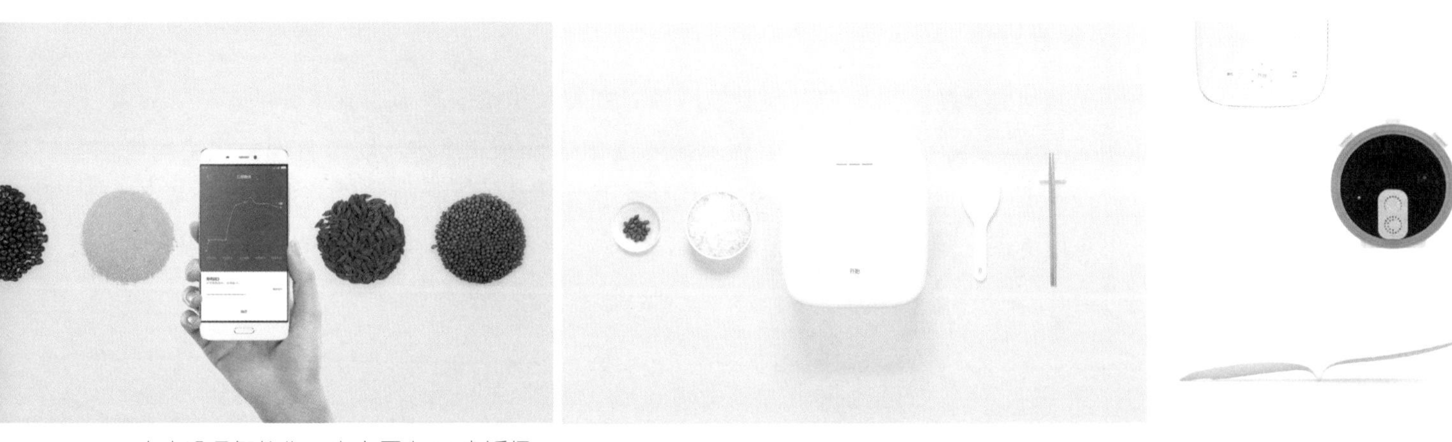

▲ 家电设备智能化：米家压力 IH 电饭煲

米家压力 IH 电饭煲不仅采用了目前较为先进的 IH 电磁加热技术，还采用了更高端的微压升温技术，让米饭均匀受热，更充分地分解出营养和糖分。智能火候控制能根据不同种类的米和个人的不同喜好调节米饭的软硬度，还能实现远程控制，让你随时随地轻松煮出松软可口、略带甜味的好米饭。通过手机遥控家里的电饭煲，当米饭煮熟后，米家压力 IH 电饭煲还会通过手机提醒你。长时间的保温功能，可使米饭保温 24 小时以上。

【米家压力 IH 电饭煲】

五、环境管理

近年来，随着人们环保意识的增强，甲醛、PM2.5 等有害物质的检测和清除、室内温湿度的检测、空调系统的最优控制与管理、家庭环境的管理和监控等日益受到重视。

▲ 环境管理：小米净水器

小米净水器是一台智能净水器，它通过与手机绑定，让你在外出期间也可以用手机实时查看家中自来水的 TDS 值，以及净化后的水质情况。当滤芯需要更换时，它会通过手机发送提醒。小米净水器不同于其他净水器按日期粗略估算更换滤芯时间，它通过水质环境、内置流量计数器及使用频率更精确地计算滤芯寿命。当滤芯需要更换时，还能在手机上一键下单购买，解除你选购滤芯的烦恼。净水器内置 23 个零部件自检功能，一旦出现使用问题，也能通过手机帮你快速解决。

【MeWatt 可以让你轻松地分析家用电器能耗】

六、能源管理

随着节能减排技术的大力推广，家庭能源的管理将是智能家居中非常重要的环节，对家庭用电设备的用电分析、统计、管理及用电优化建议等，都涉及能源管理的相关功能。这部分涉及智能插座、用电计量模块、家庭能源管理系统、太阳能或风力发电设备、直流供电家用电器等多种设备。

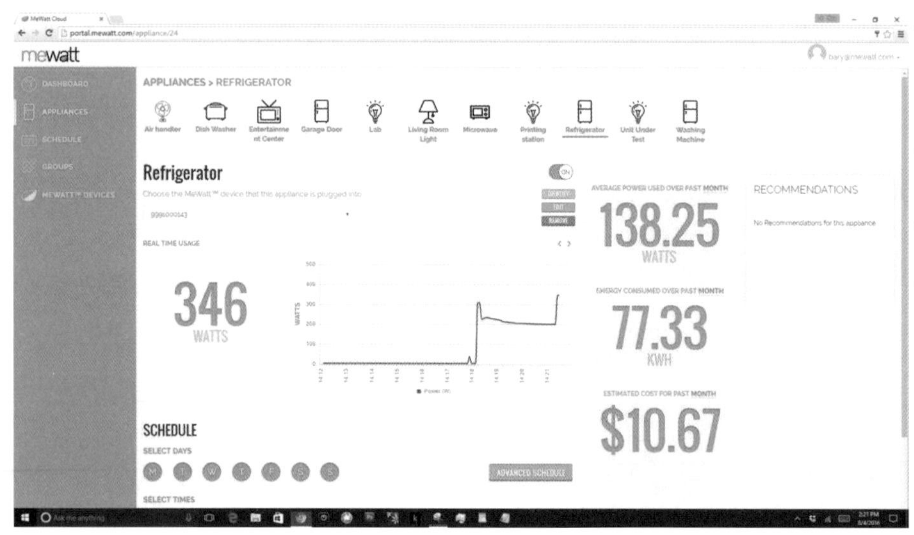

▲ 能源管理：MeWatt

MeWatt 是一款智能插座，其外观与普通的插座没什么太大的区别，不同的是它能够对家用电器的能源使用情况进行实时监控和分析。当 MeWatt 连接家里的 Wi-Fi 之后，用户将家用电源插到上面，就能通过配套的应用程序查看家用电器的实时耗电情况，同时能够在分析数据之后给出可供参考的建议，实现节能的目的。

七、健康管理

随着中国老龄化社会的到来，各种民用的健康终端设备，如心脏监控设备、血压监控设备、体脂监控设备、智能马桶等，可以与社区医院甚至公立医院进行连接，为人们提供身体的实时监控和医疗建议；配合运动人士的计步器、卡路里监控器等，为人们提供健康评测和建议。

把医生戴回家

在家监测方便　医生出具报告　治疗预后跟踪

鼾症监测

血压趋势
（升级功能）

血氧、脉率

医患互动 APP

心电图、心率

睡眠分期

橙意 Dr.Watch 2.0，可检测脉搏血氧饱和度、单导（标Ⅰ）心电图、热量消耗等，可评估低氧血症，实现部分心律失常及睡眠呼吸暂停低通气综合症的初筛，适用于家庭、社区医疗及运动保健等方面

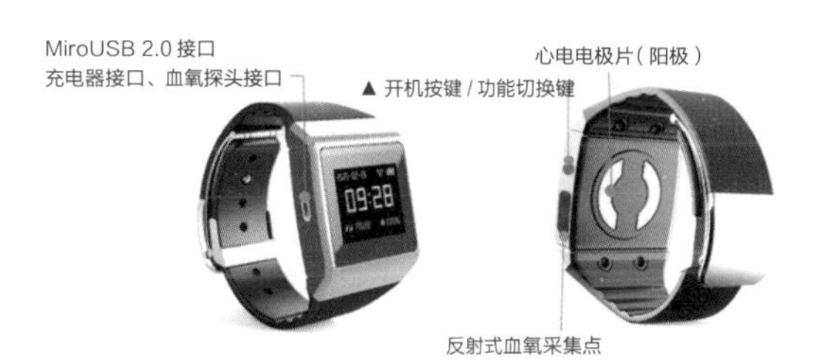

APP应用界面

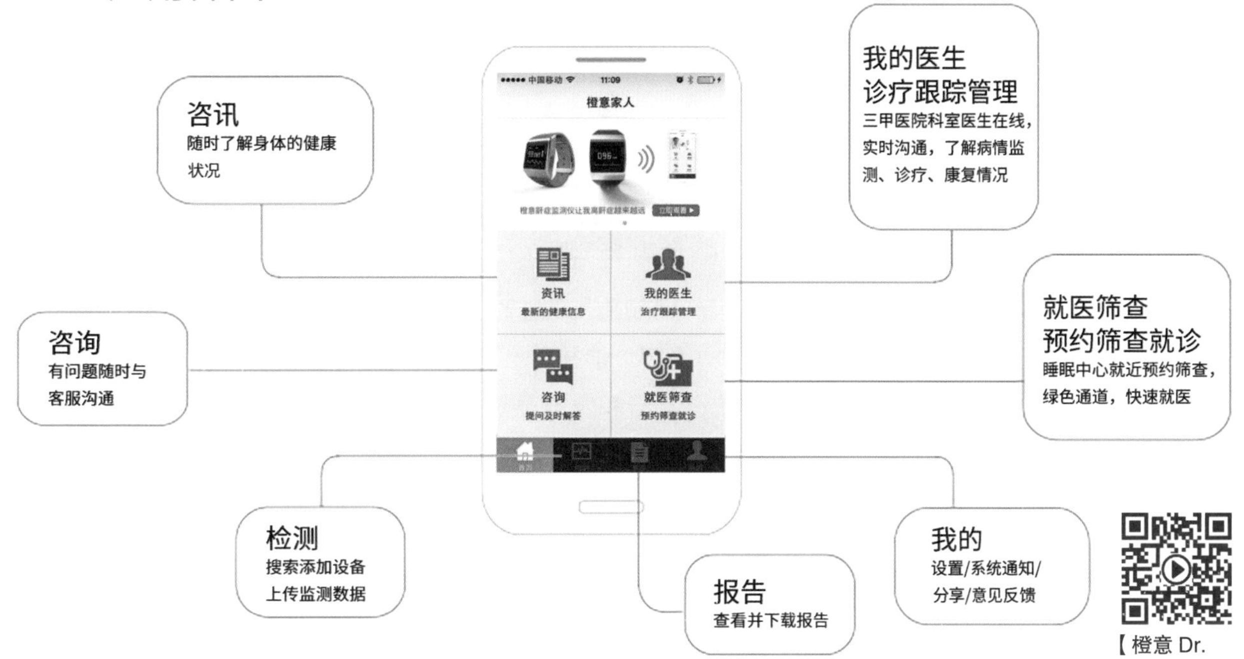

【橙意 Dr. Watch 2.0】

▲ 健康管理：橙意 Dr.Watch 2.0

橙意 Dr.Watch 2.0 是橙意家人科技公司设计的一款智能健康手表。它的外形和普通运动手表相似，不同的是它两侧分别带有 USB 2.0 接口、充电器接口、血氧探头接口和功能切换键、反射式血氧采集点。表盘上既可显示时间，又可显示血氧饱和度和脉搏波形图。橙意 Dr.Watch 2.0 内置蓝牙系统，可与智能手机连接，通过手机安装的配套 APP 远程实时监测健康状况。作为一款健康智能产品，它可以进行鼾症监测，以及血压、心率、心电图、血氧和脉率的实时监测；睡眠分期监控也可像智能手环一样记录运动信息。它可将监测报告上传至 APP 并发送给医生，让其随时了解你的健康信息。

第三节　智能家居的发展

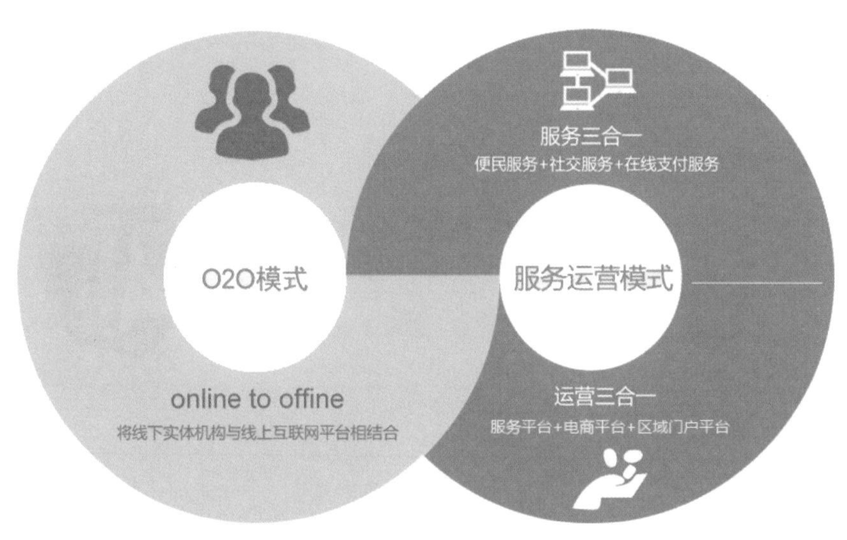

▲ O2O 是智能家居价值链的深度整合

一、O2O是智能家居价值链的深度整合

从智能家居的整体发展状况来看，“颜值”、配置、体验是其三大要素，也是产品和模式的最佳结合，要想实现三方面的连接，选择什么样的模式非常重要。而作为“互联网 +”的标志，O2O 成为首选，尤其在家居和家电领域，更需要 O2O 紧密地契合用户。但相对于“线上引流、线下体验”的销售模式，智能家居的 O2O 具有更深层次的内容。可以说，智能家居是一个更为复杂的行业，其复杂性就在于链条长、环节多，要想连接所有环节，首先需要将各个环节进行拆解分析，将用户追求的效率、成本和体验三个维度分别进行分析，然后再整体进行评估。从用户本质需求入手是第一步，因为智能家居尤其是整体智能家居，更强调提前布置和布局，包括提前布线、提前进行各种产品的安装调配，以及合理布局各种智能产品等。

作为国内家装行业的代表企业，东易日盛董事长毛智慧介绍，目前的战略规划中依然聚焦住宅、装饰两大业务。目前，随着“80 后”“90 后”消费群体的崛起，我国的家装用户行为已经发生了非常大的变化。过去，家装用户与设计师沟通后，即使是出了意向图纸，在装修过程中还会出现随时更改的情况而且设计师在购买建材时用户通常也要跟随，等等，这些是20世纪六七十年代甚至80年代早期用户的典型行为特征。而今天，更多用户的行为在发生变化，这种变化与人们的收入水平有关，与人们追求的生活品质相关，也有时间成本的因素。现在人们更乐于追求轻松的生活，并且更愿意从互联网上获取相关知识和相关产品动态。

二、智能家居产品服务模式的改变

过去的智能家居主要以系统的形式存在，打包销售给消费者。系统集成的方式着眼于住宅内设备"集中的、随时随地的控制"，没有充分考虑消费者的使用需求，导致使用体验偏差。在未来，控制技术将逐步成为一种基本要素，只有将复杂的控制变成令人轻松愉悦的"使用体验"，能够为消费者创造有价值的产品，才会获得消费者的广泛认同。"产品+APP+服务"的模式将越来越活跃，追求大而全的整体解决方案在高端市场和商务市场仍有空间，但是主流市场将让位于消费级产品。

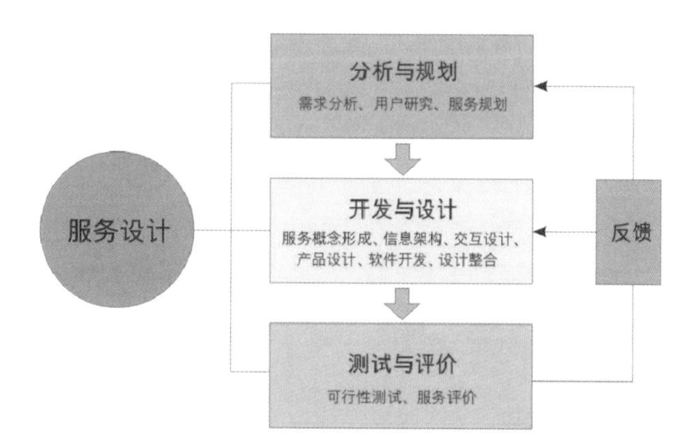

▲用户体验的升级：对于用户来讲，面对的不再是一个个智能家居产品，而是一项项的应用服务，用户将会体验到集安防、娱乐、方便为一体的智能家居服务。而智能家居平台可以针对不同的用户需求，进行定制化服务，使用户的使用更为便捷。

三、智能家居产品形式的改变

智能家居产品经过多年的发展，其设计经历了单个产品的数字化、网络化的过程。随着物联网技术和云计算技术的快速发展，智能家居将成为家庭领域的物联网应用，产品也将与物联网、服务平台一起组成智能家居系统。智能家居产品通过网络实现产品与产品之间的互联、产品与服务平台之间的互联，最终实现更多智能家居的应用服务。

智能家居设备的智能化程度逐步提高，例如物联网的成功，降低了智能家居的使用门槛和使用难度，将逐步提升智能家居产品的用户接受程度，为今后大规模推广智能家居产品做铺垫。

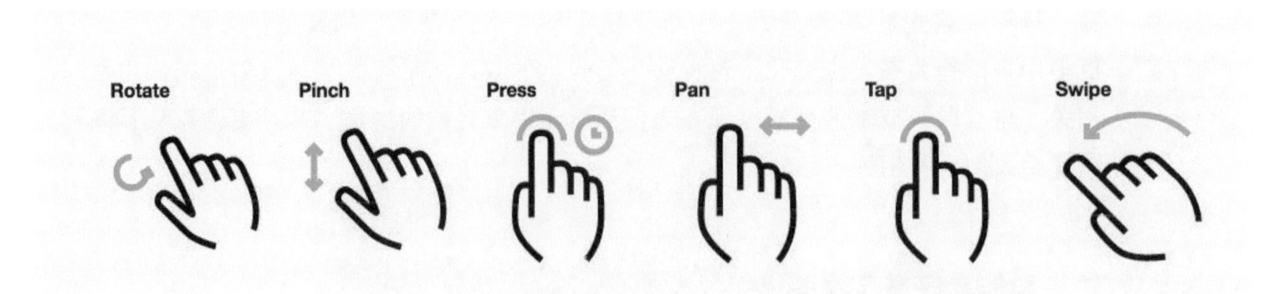

▲ 新型人机交互方式的出现，改变了智能家居产品的操控方式，如触摸屏技术、语音识别技术、手势控制技术等。未来家庭可以借助智能手机、智能电视、平板电脑操控整个智能家居系统，如可视对讲与手机、电视的融合，将改变智能家居产品的硬件形式，弱化硬件实体，增强软件功能，改变传统智能家居产品的设计与形态。

四、智能家居产品的网络基础

智能家居产品与智能社区和家庭网络的成熟及完善息息相关。智能家居产品不是一个独立的产品，它需要通过家庭网络和智能社区网络系统来支持智能家居的服务和应用。

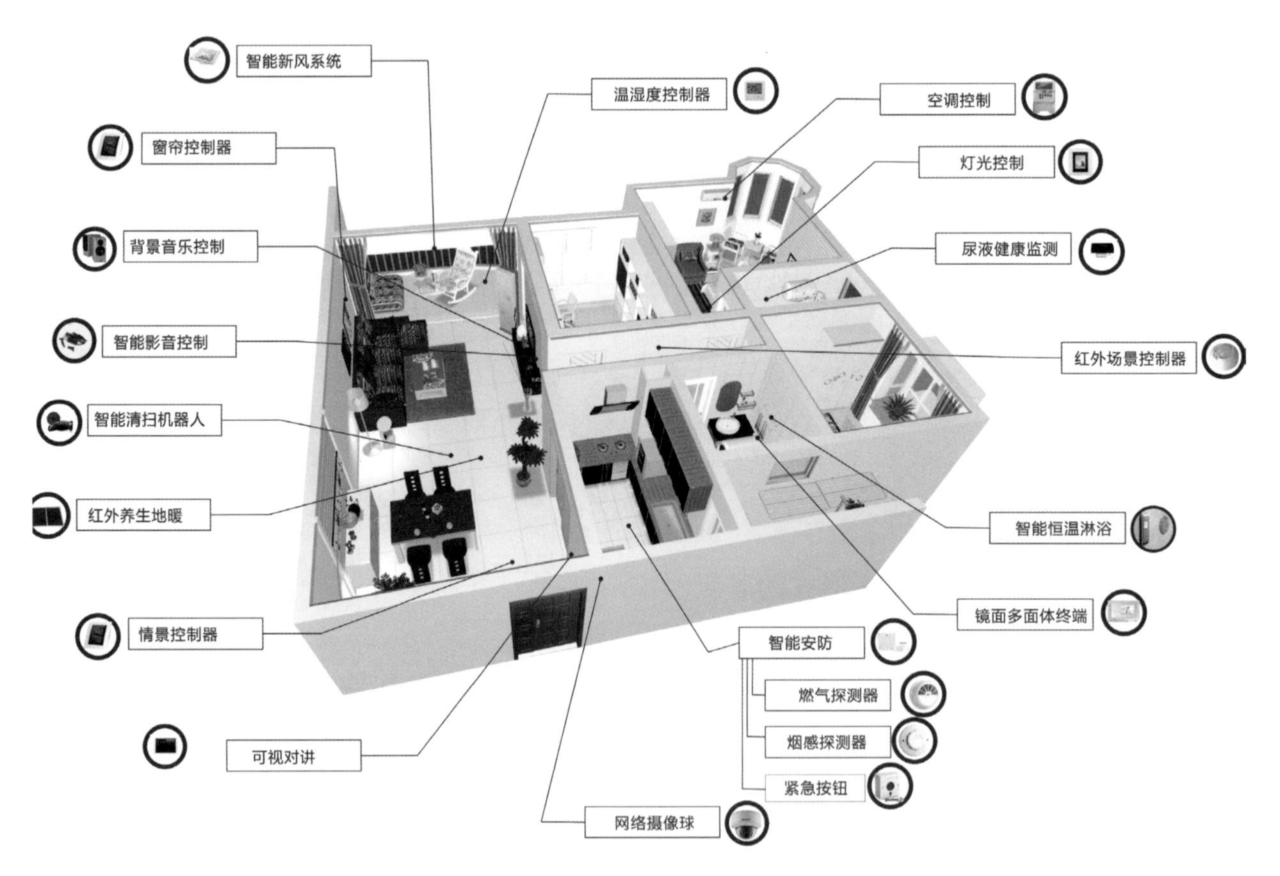

▲ 随着国内智慧城市和智能社区的试点推广，社区和家庭的网络建设将会逐步完善，为智能家居的推广建立网络基础。智能家居系统作为最微小的智能单元，将与智能楼宇系统、智能社区系统实现无缝连接，所有的智能家居系统必然都会与以上系统进行兼容，使其成为一个功能子集。

目前，社区干线区域的智能家居产品的网络基础倾向于采用有线网络系统，小区域或移动性要求强的智能家居产品的网络基础采用无线网络系统。无论是有线网络系统还是无线网络系统，都将实现优势互补。

五、智能家居产业盈利模式的改变

智能家居产业将从制造业向服务业迁移，随着产业的发展，产品的硬件差距将会越来越小，未来硬件要素将不再是消费者选择的主要标准，而产品及相关服务才最受关注。

智能家居将彻底改变人们对家用电器和家居的理解，围绕智能家居还将产生一系列的信息服务，以及娱乐、购物和生活服务。

六、智能家居产业发展存在的问题

① 行业标准融合难。
② 智能家居系统网络基础差。
③ 智能家居产品设计需要有新的思路。

第四节　智能家居产品设计程序与方法

一、智能家居产品设计要素分析

1. 系统的标准化设计

常言道："没有规矩，无以成方圆"，在智能家居领域也是如此。智能家居系统的设计应依照国家和地区的有关标准进行，确保系统的扩充性和扩展性。首先，系统传输应该采用标准的 TCP/IP 协议网络技术，从而保证不同产品之间可以兼容。其次，系统的前端设备应该采用多功能的、开放的、可以扩展的设备，如系统主机、终端与模块采用标准化接口设计，从而为家居智能系统外部厂商提供集成的平台，而且其功能可以扩展，当需要增加功能时，不必再开挖管网，简单可靠、方便节约。通过这些设计，一方面可以提高系统的稳定性，简化后期维护过程；另一方面，标准化与模块化的形式为用户提供了更多选择，不同的家庭可以选择适合自己的智能家居系统。

2. 产品的实用性设计

产品的实用性是产品的基本属性，其主要影响因素是功能的合理与否。合理的功能设置可以提高智能家居的实用性。智能家居功能设置应该合理地运用“减法”原则。

智能家居的主要作用是用智能化的手段为用户提供便捷服务。因此，智能家居的功能设计应以人为本，摒弃那些华而不实的功能。

3. 控制方式的人性化设计

智能家居的控制方式丰富多样，但如果操作过程和程序设置过于烦琐，就容易让用户产生排斥心理。因此，在对智能家居进行设计时，一定要充分考虑用户体验，注重操作的便利性和直观性，整合出适合用户的控制系统。目前，智能家居的控制可以分为人工控制和监督控制。具体的控制手段主要有本地控制、遥控控制、集中控制、手机远程控制、感应控制、网络控制、定时控制等，用户可以通过这些手段对智能家居进行直接控制或监督控制。首先，应该根据用户的行为方式、逻辑思维等，分析这些控制方式是否适合目标群体；然后，合理地组合搭配这些控制方式。比如，老年人听力下降，要减少单独的语音交互；记忆力也有所下降，灯光控制可以采用感应控制。因此，要以客户的行为特点为基础选择组合控制方式，构建人性化的控制系统。

4. 终端的易用性设计

智能家居产品系统终端的易用性设计主要包括易视性、易学性、容错性三个方面，当然也涉及终端的人机尺寸、形态等。控制终端易用性设计的目标是让用户通过终端方便地操作智能家居，这一点尤为重要。

▲ 智能家居产品系统终端

应该根据用户群体的生理、心理特点，从易视性、易学性、容错性三个主要方面进行易用性设计，提高控制界面的可视性，简化控制程序的逻辑结构。

二、新产品开发的一般流程

智能家居新产品开发主要包括项目立案、方案确定、细节确定、工艺设计、细节考核和销售反馈信息分析六个阶段，具体流程如下。

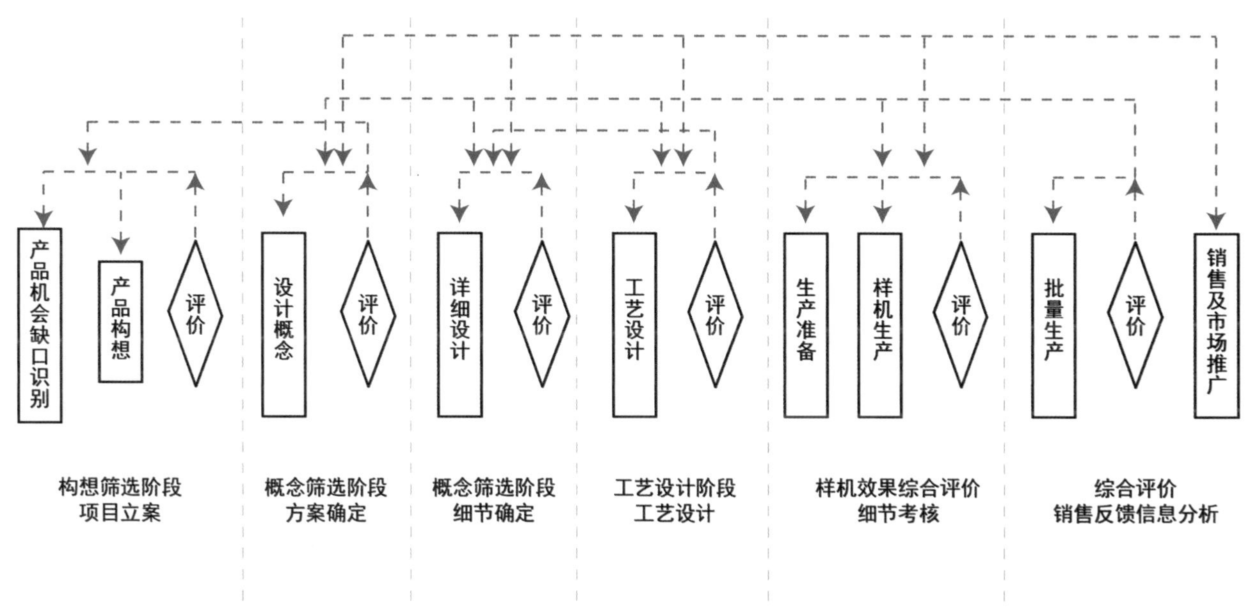

▲ 新产品开发的一般流程图

三、工业设计流程的阶段划分

工业设计的流程是产品开发流程中的一个子流程，它与产品开发流程是并行的，贯穿于新产品开发的每一个阶段。根据工业设计在新产品开发中所起的作用，可以将工业设计流程划分为以下四个阶段。

① 构想的产生与筛选。

② 概念设计与选择。

③ 详细设计与评价。

④ 样机制作与综合评价。

▲ 工业设计产品开发流程图

1. 构想产生

构想是新产品开发流程的输入阶段。再出色的开发流程也不可能将一个平凡的构想转化为出类拔萃的产品，因此构想的产生是非常重要的，应该把它作为一个独立的阶段来处理。

产生构想的方法有很多，包括热点报告、大众媒体扫描、关键事实、创新资料集、趋势专家访谈、关键词统计、十大创新框架、创新景观变化图谱、趋势矩阵、交集图、从现状到趋势探索等。

在这里，我们主要介绍关键词统计。

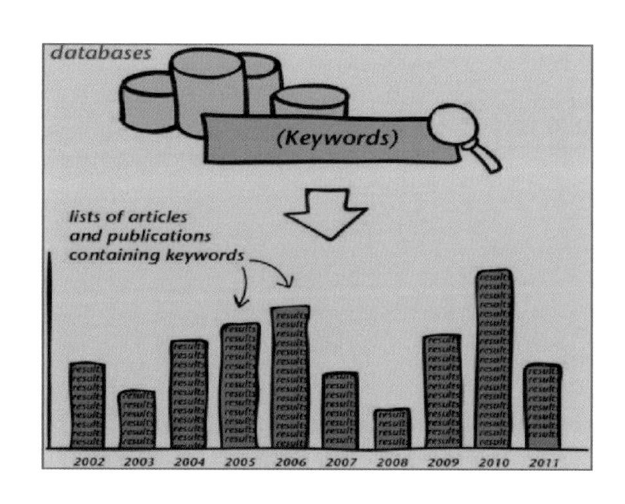

▲ 效果：处理大量数据集，发现规律，促成全局视野

（1）关键词统计

“关键词统计”方法起源于图书馆和信息科学，其要义是在海量的出版物和数据库中，寻找并研究与自然科学、医学、经济学及科技等领域相关的概念。其工作原理就像搜索引擎，使用关键词从海量数据中寻找相关文章和学术著作。通过分析每次搜索得来的文档，我们可以更好地理解相关主题，或者发现正渐渐浮出水面的各种隐性关系。一般来说，我们应在专业数据库内进行关键词的搜索，这样可以使搜索结果与主题直接关联。此外，我们可以通过互联网、图书馆搜索，或者咨询学术研究机构等方式，来界定这些专业的数据库。

（2）关键词统计实践指南

步骤 1：确定需要搜索的关键词。这些词汇应尽可能地切合主题。泛泛地搜索只会得到缺乏差异化的结果，而若以贴近具体专业及环境、范围较窄的词汇为关键词，将有可能得到与话题紧密相关且更具价值的搜索结果。

步骤 2：考虑搜索的时间段。回顾过去 50 年的学术著作，也许可以帮助你撰写一份历史分析报告，但要想了解今天的思想领袖都关注些什么，那么调研过去 24 个月内的出版物则更切题，也更有意义。

步骤 3：使用关键词。我们可以使用“和、或、非”等组合关键词，判断某个领域内的概念是否会影响其他领域。例如，将“纳米技术”与“生物医学工程”两个词结合起来搜索，我们可以获得关于纳米技术在生物医学工程中如何发挥作用的文章。

步骤 4：审视搜索结果，寻找出版规律，再跟踪调查某个观点的影像。例如，它第一次出现在哪一篇文章中？此后哪些出版物引用过它？其他媒体引用时对该观念是否有全新的解读？此外，如有需要的话，再进行迭代搜索。如果搜索结果显得泛泛而谈，或与话题的关联性不强，那么你需要调整关键词，再次搜索。

步骤 5：总结成果。与团队成员分享搜索成果，并积极讨论，从而更深刻地理解话题。基于关键词出现的频率绘制图表，对搜索成果进行可视化盘点，这将有助于解释规律，更好地理解文献隐含的理念。

2. 构想筛选

筛选是一种判断，即通过比较和分析的方法来判定新产品构想的价值。

在筛选构想的过程中，我们应该从需求出发，也就是所谓的了解环境。了解环境的方法有行业诊断、SWOT（态势）分析法、类比模型、发展路径图、大众媒体搜索、出版物研究、环境研究计划、创新演变图、财务档案、行业专家访谈等。

利用对环境的掌握，挑选最有价值的构想方案并转交设计师，然后进行概念的研究。

这里我们主要介绍财务档案。

▲ 效果：便于比较，建立可靠的基础，揭示规律

（1）财务档案

这种方法旨在解读企业财务属性，并形成概况。了解一家公司的财务状况全景，以及与同行业内其他公司进行比较，往往能帮助我们发现创新机遇。常用财务指标包括：公司总市值、收入、盈亏、市场份额、股票表现、股本、债务和研发成本。我们可以将各公司、行业甚至经济领域的财务信息汇聚到同一张图中进行分析，借此获取更广泛的“洞察”。

（2）财务档案实践指南

步骤 1：确定待研究的财务信息，并寻找来源。识别最有利于比较本公司及同行业公司状况的财务信息类型。举个例子，如“报表数据统计”，如果你的项目范围很广，想追求更高层次的见解，那么可以观察总体的经济指标，评估你正在寻找的财务信息是否可用。如果研究对象是由私营企业主导的行业，获取财务信息则绝非易事，需借助一些市场数据来估算。

步骤 2：寻找财务信息。对某些信息源进行搜索，如公司年度报告、政府报告、行业杂志、公司官网，以及其他公共可用数据库。我们应掌握的关键数据包括：公司总市值收入、盈亏、市场份额、股票表现、股本、债务和研发成本。

步骤 3：整理资料，以便进行比较。创建一个概览表或示意图，将你已找到的有关本公司、其他公司及整个行业的财务数据写入其中。展示这些数据，将本公司财务状况与其他公司乃至整个行业进行比较，或与总体的经济指标进行比较，如道琼斯工业平均指数，标准普尔 500 指数等，然后创建可共享的信息库。

步骤 4：寻找“洞察”。整个团队围绕财务状况图表展开讨论，得出有见地的“洞察”。在竞争环境中，公司的财务增长规律是什么？与其他公司相比，你的公司对于整个行业的财务影响力如何？将这些“洞察”写进图表中。

3. 概念生成

产品概念是对产品的技术、工作原理和形式的近似描述，也是对产品将如何满足客户需求的简洁描述。概念生成的过程包括：首先，把一个复杂的问题分解成简单的子问题；其次，通过外部和内部的搜寻程序为这些子问题确定解决方案；再次，用分类树和概念组合表系统地探索解决概念的空间，将子问题的解决方案整合成一个总体解决方案；最后，对结果和所采用的步骤的有效性和适用性进行反思。

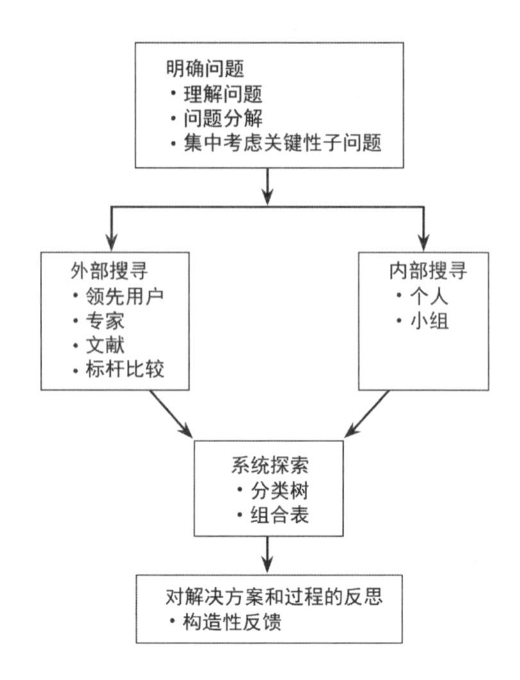

▲ 概念产生的探索示意图

产品概念产生的具体方法有很多种，常见的有研究对象示意图、用户研究计划、概念草图、概念情景、概念形成矩阵、行为原型、机会思维导图、用户体验图、对称式聚类矩阵等，我们应该针对不同的类型选择最合适的方法。

下面主要介绍概念形成矩阵和用户研究计划这两种方法。

（1）概念形成矩阵

概念形成矩阵需要利用根系得出的两个要素集合创建二维矩阵，以便在其交叉部分探索概念。这种方法的关键在于要素集合的选取。选用的两个要素集合应全面而且相互补充，以使其交叉部分与项目目标吻合。通常，研究中发现的一系列活动或需求是一个重要的要素集合，第二个要素集合可以通过其他方法得到，例如，用户体验图中的各个阶段。采用这种方法，可使概念形成的过程简明清晰，使理念以研究活动为基础。同时，还有助于形成协作关系，使团队在确定探索概念的基本框架时集中注意力开展讨论。

概念形成矩阵实践指南如下。

步骤 1：认真考虑“构建洞察”模式中得到的洞察与框架，集体讨论并思考如何得出有价值的概念，选取两个要素集合用于构建矩阵交叉部分。这两个要素集合应相互补充，可以建立有利于概念探索的基本框架。例如，研究中常利用用户类型和用户体验图这两个要素集合构成组合，以这两个集合分别作为首行标题创建表格。

步骤 2：在矩阵中填入概念。围绕两组要素的交叉部分开展自由讨论。各种概念的数量可能有所差别，这种情况是可以接受的，但在讨论过程中不能有遗漏。为每个概念确定一个让人感兴趣、容易记住的名称，并给出简短说明，可以考虑为每个概念创建草图或示意图。如果概念的视觉化表现对概念说明有补充作用，将为交流与共享提供便利。

步骤 3：利用该方法进一步探索概念。利用矩阵示意图可以识别矩阵中的关键区域并进一步自由讨论，还可以对概念进行初步集体评估。利用其他研究得出的要素集合建立更多矩阵，以便探索更多概念。

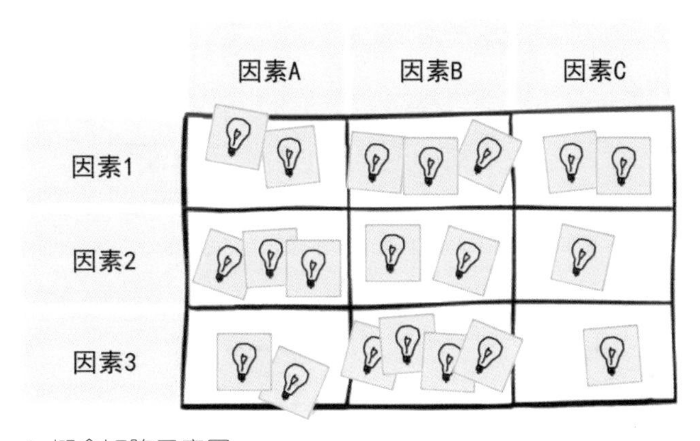

▲ 概念矩阵示意图

（2）用户研究计划

用户研究计划是一种为研究项目组织各种材料并制定步骤的方法，该方法讲究严谨有序，旨在定义研究项目的方方面面。在此计划中，我们需要明确阐述研究的各项指标，包括待研究的用户类型、研究所需的参与者人数、预期成果与参与者交互的计划、用于搜集用户信息的方法，工作会议、时间表及预算等。

用户研究计划实践指南如下。

步骤 1：选择待研究的用户类型。根据项目的性质，选择研究需重点关注的用户类型，如核心用户、极端用户、专家、非用户或者其他类型的人群。除了占较大比重的核心用户之外，还需对部分极端用户和非用户进行研究，这有助于得出非传统的和不常见的结论。

步骤 2：基于筛选标准，选择参与者。陈述选择参与者的标准。希望研究各类参与者的哪些特征？哪些类型的参与者最符合需求，且能提供最有价值的信息？

步骤 3：确定研究方法。基于可用的时间和资源，选择最适合达到目标的研究方法。例如，视频人种学研究可以带来丰富的数据，但它将耗费大量时间和资源。实地考察更迅速，成本也低得多，但相应的数据量会显得不足。需要注意的是，我们使用哪些方法不仅取决于预算，同时要根据被观察的人员类型、所处的环境、对隐私保护的要求，以及其他一些因素而定。此外，还应描述与参与者互动的计划。

步骤 4：提出预算。基于整个计划，确定执行所有活动需要多大的财务支持。提出预算需求，并与客户或公司内部人员分享。

步骤 5：创建一个时间表，并在表内显示所有活动。可使用甘特图、电子表格或其他常见的项目规划工具，图表应显示项目期间将开展的各项活动、预测完成所有任务所需的时间，并将所有活动按顺序排列。

步骤 6：分享计划，讨论后期行动。与团队成员及其他利益相关者（如客户或研究承包商）分享计划，并探讨启动研究流程的后续步骤。

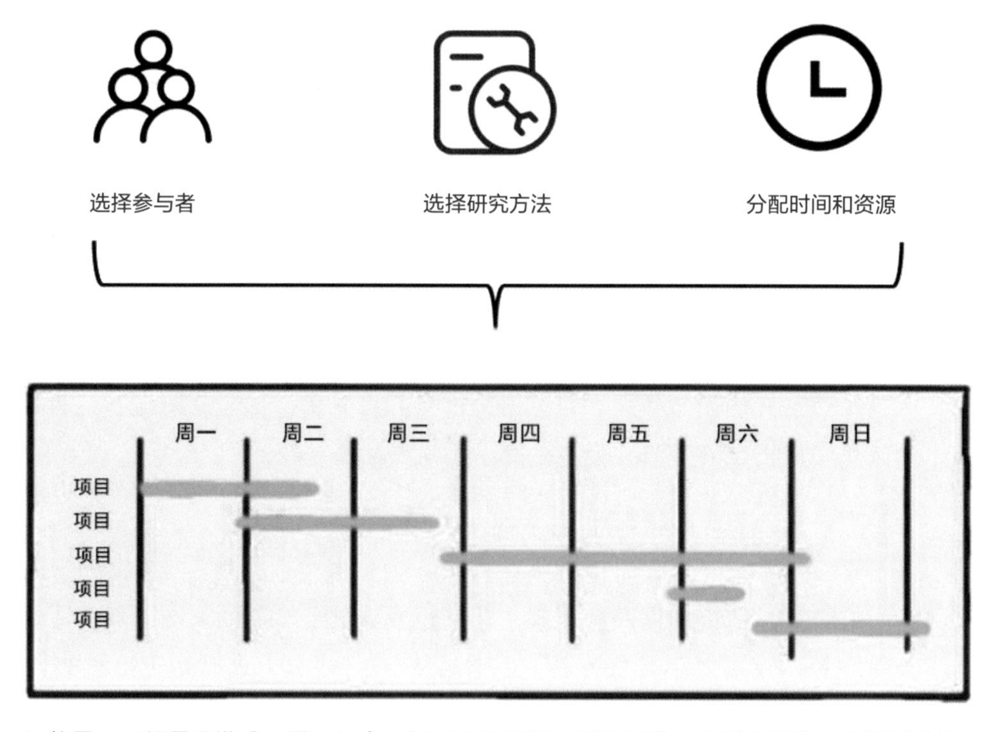

▲ 效果：开拓思维模式、展示机会、拓展全局视野、识别机会、立足于研究、组织概念形成

4. 概念筛选

概念筛选是一个依据客户需求和其他标准评价概念的过程，以方便比较各概念的相对优点和缺点，从而选出一个或多个概念进行进一步的调查、测试和开发。虽然概念筛选是一个收敛的过程，但它经常是反复进行的，而且可能不会立即产生一个占绝对优势的概念，开始时是把一个大的概念集合“框选”成一个小的集合，随后这些概念会被组合和更改，这样可能会使可供考虑的概念集合暂时性扩大，经过几次反复，最后选择一个优势概念。

概念筛选的过程将直接决定最后方案的形成，筛选时有多种方法，例如，概念评价、形态综合形成法、概念联系图、情景设想、设计方案故事版、设计方案评估、设计方案数据库等。

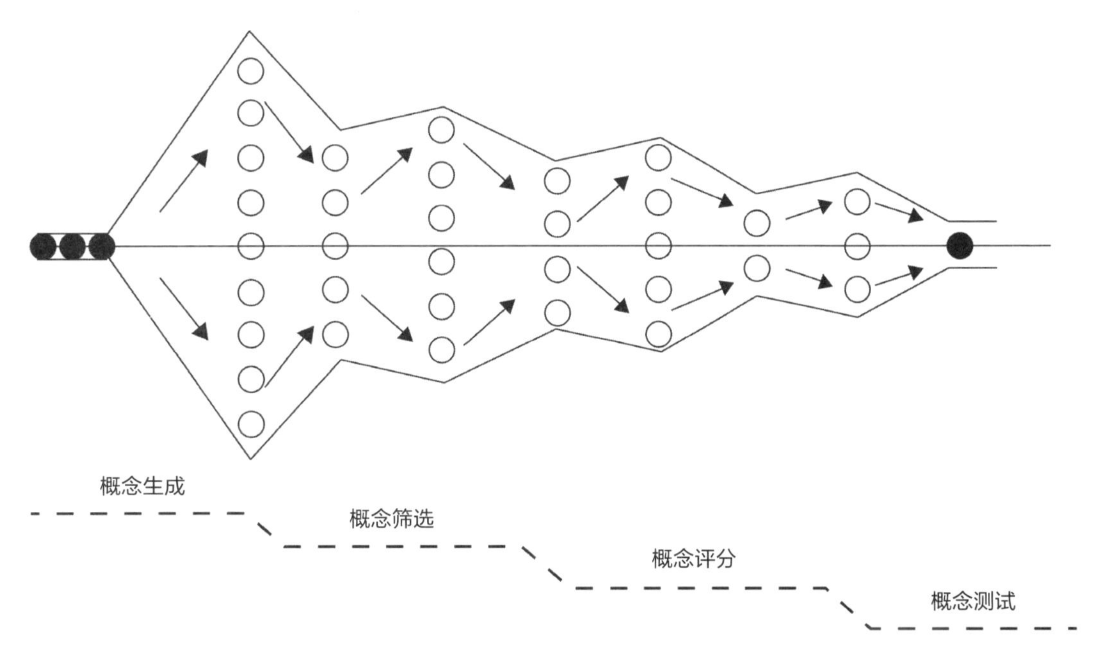

▲ 概念筛选流程图

下面主要介绍概念评价。

（1）概念评价

概念评估是指根据概念为用户和供应商创造价值的情况，对概念加以评估的方法。评估时将给出用户价值得分和供应商价值得分，将这两个得分转化成坐标，使概念可以绘制到散点示意图中。概念评价为概念比较奠定了基础，有助于判断哪些概念可加以发展，哪些概念可与互补性概念合并成平衡的概念组合。

（2）概念评价实践指南

步骤1：汇集一组拟评估的概念。在概念形成环节产生数以百计概念的现象并不罕见。通过讨论、认真考虑、合并及再合并这些步骤，可以确定有限的几个概念来进行评估。

步骤2：制定用户价值标准和供应商价值标准。判断哪些结果对目标用户来说最重要。用户价值的例子包括便于应用、减少仿造痕迹等说明性语句，参考环境研究的成果，判断哪些对供应商最重要。供应商价值标准的例子包括盈利率、品牌资产、竞争优势及战略发展等。

步骤3：创建概念评估矩阵。创建数据表，在第一列中列出各个概念，在右侧的各列中列出用户价值标准和供应商价值标准，构成两个独立的矩阵区。在每个用户价值区和供应商价值区各添加一列，用以表示总价值。

步骤4：为概念打分。选择衡量标准，根据用户价值标准和各供应商价值标准为每个概念打分。在一般情况下，分成五个标准。为各概念计算综合得分，并记录在各标准末端的“总和”一列中。

步骤5：把概念绘制到图中。创建分布图，分别将用户价值和供应商价值作为横轴和纵轴。根据各概念的价值总分和供应商机制总分，把所有概念绘制到图中。

步骤6：分析概念分布情况。画一条对角线，连接两轴的端点。对角线把分布图分割成两个三角形区域，用户价值和供应商价值都高的三角区被认为具有较高的优先等级，需要加以注意，以便进一步完善。

步骤7：共享这些成果，探讨后续步骤。根据评估结果讨论后续步骤。尽管高价值概念应立即予以关注以进一步完善，但是低价值概念与高价值概念的结合也同样值得关注。

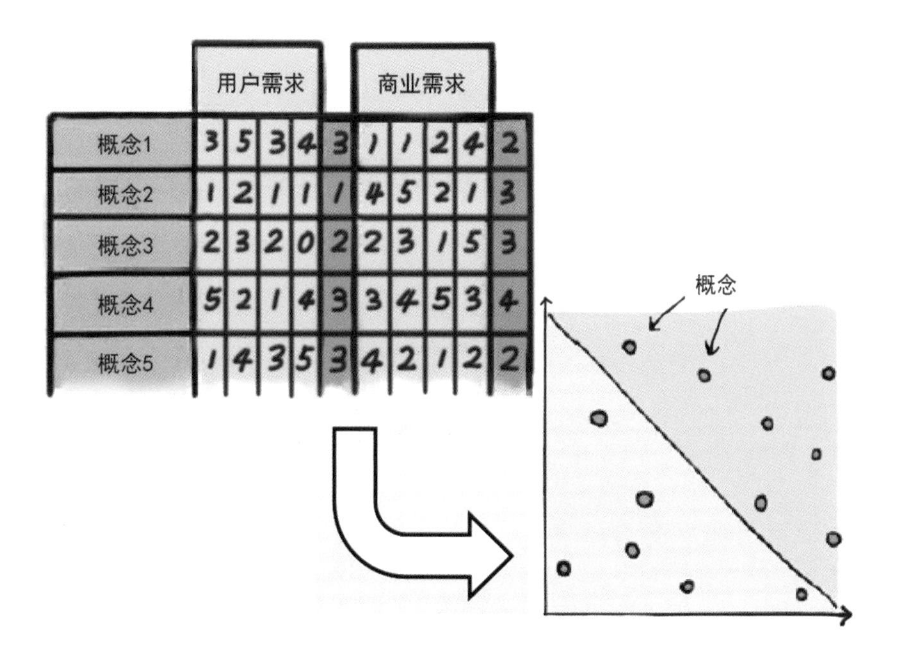

▲ 效果：平衡用户需求与商业需求，促成系统分析，有利于进行比较。把注意力集中到过程中，立足于研究，支持决策。

5. 实现产品

优选得到的概念方案在详细设计过程中得以实现。详细设计阶段最主要的工作是对材料、零件形状和尺寸、加工方法、购买要素、部件制造、产品组装等依据预定的规范和标准将产品具体化。工业设计师通常将概念产品从软模型或草图转向硬模型或渲染效果图。渲染效果图表达了设计细节，常用来进行色彩研究，并用来测试客户对所提出的产品特征和功能的认知。硬模型虽然还不具备技术功能，但已具有非常真实的外观和手感。

细节设计阶段输出的是详细的工程图和技术文档，或者是可以反映产品细节的渲染效果图。这时，生产和制造流程的计划已经开始进行，开发项目面临又一个关键环节的考验，即细节设计的考核。通过这个评价环节，确定产品的功能、人机关系、结构、尺寸与比例、材料成本与加工工艺、性能指标、面饰效果和装饰等因素是否与概念方案一致，确保产品的细节设计在功能、外观、经济等各项指标上都达到预期的效果。

第五节　智能家居产品设计案例分析

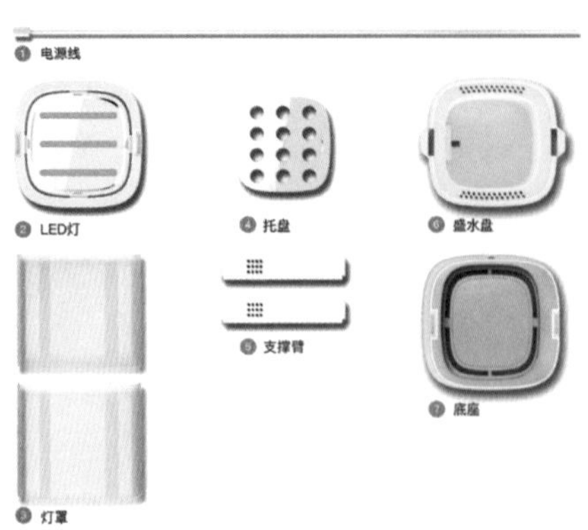

智能植物生长装置及服务设计

案例设计者：陈星旭

设计单位：湘潭大学工业设计系

这款智能植物生长装置设计通过整合创新的方式提供了种子种植包，解决了都市人在家种植过程烦琐、植物生长周期长的问题。用户无须专业的种植知识，只需将种子包放入种植机，通过简单的种植操作和 APP 控制，植物便能健康快速地生长。

项目服务范围包括以下几方面。

① 从智能照明出发探求更多领域的持续创新。

② 针对用户在家种植时过程烦琐、植物成长周期长等问题，提出了创新解决方案。

③ 设计通过整合创新的方式提供种子种植包，合理运用现有植物生长照明技术和智能技术，从用户行为、商业模式等角度考虑了设计的可行性，并为用户提供了一个种植服务社区，具备了服务设计的特点。

④ 操作菜单界面设计。

⑤产品包装盒和说明书设计。

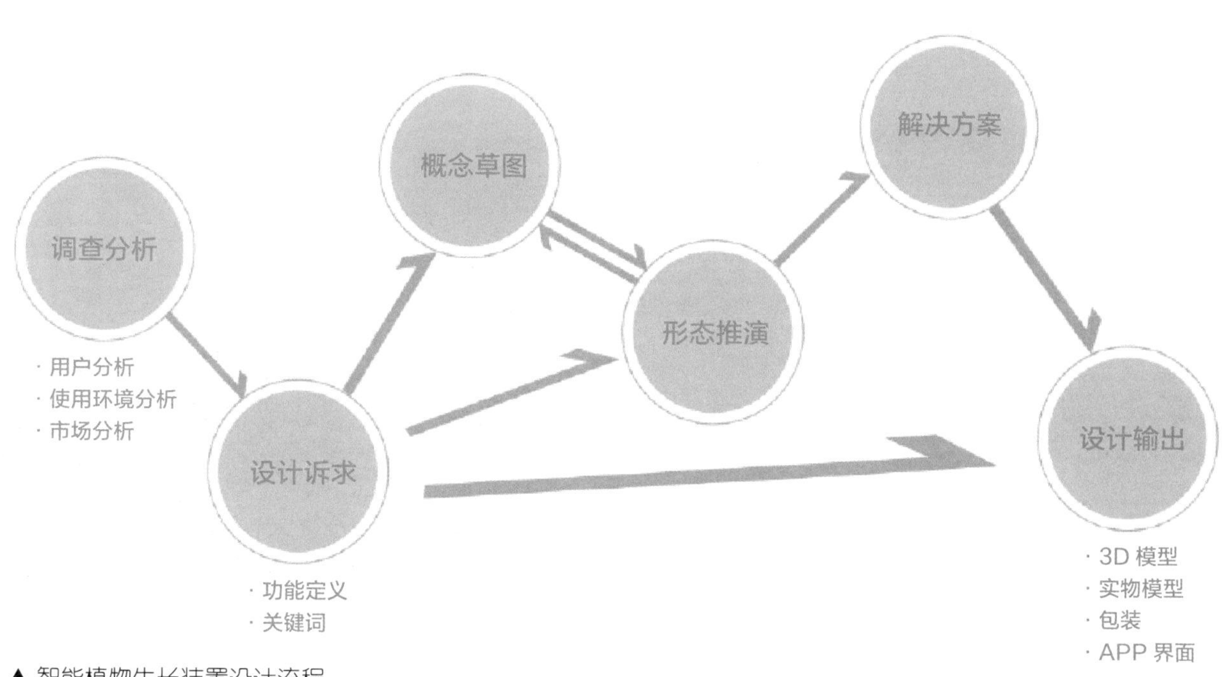

▲ 智能植物生长装置设计流程

1. 调查分析

（1）构想产生

当今社会，生态环境、自身健康、蔬菜食品安全是消费者十分关心的问题。

植物生长的温度、湿度、光照、CO_2浓度和营养液等环境条件可以通过植物生长数据进行人为的控制，例如，云控智能照明。在这里我们决定通过将智能照明嫁接在植物生长上，从而通过人工控制创造利于植物生长的条件。

我们可以通过近几年的蔬菜销售情况及目前智能照明与植物生长之间的关系，从而确定智能植物生长装置的目标定位。

随着生态环境问题越来越严重，人们对生态，对自身健康的关注度也越来越高。近几年蔬菜安全问题层出不穷，市场上的部分不良商家为追求利益，从开始种植蔬菜时，就不断追肥催生，导致蔬菜内部积累过多的亚硝酸盐；更有甚者，违法使用国家法令禁止使用的植物生长素、植物膨大剂等化学品，破坏了植物的组织与细胞，降低了植物的品质，导致毒韭菜、毒豇豆、毒白菜等食品安全事故频发。这些人为添加的化学品残留在蔬菜上进入人体，给人的健康带来极大危害。

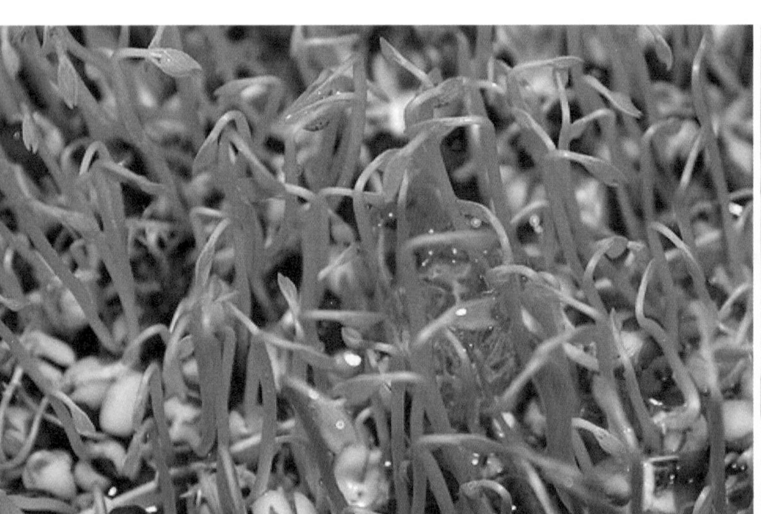

▲ 严峻的生态环境是设计概念产生的背景

▲ 设计概念发散

(2) 概念筛选

智能化的微型植物生长机的自动控制系统可以控制植物的生长环境，为蔬菜提供适宜的光照、温度、湿度环境，以及合理比例的营养液，使蔬菜按照自身规律自然生长，同时能保持较大的产出率。针对家庭使用的微型植物生长装置，在植物工厂技术比较发达的日本、美国和荷兰等国家都有应用。在国内，家用的微型植物生长装置是最近几年才在农业设施行业中出现的新生事物，其智能化的运用及推广尚处在研究和摸索阶段。都市人的生活节奏快，家中的一抹绿色能帮助他们释放压力。在体验经济时代，如何将家庭微型农业智能化降低使用难度，并增加产品对居家环境的适应性；如何为用户提供完善有效的服务是设计师当下的挑战之一。所以，智能植物生长装置的开发与设计是很有发展前景的。

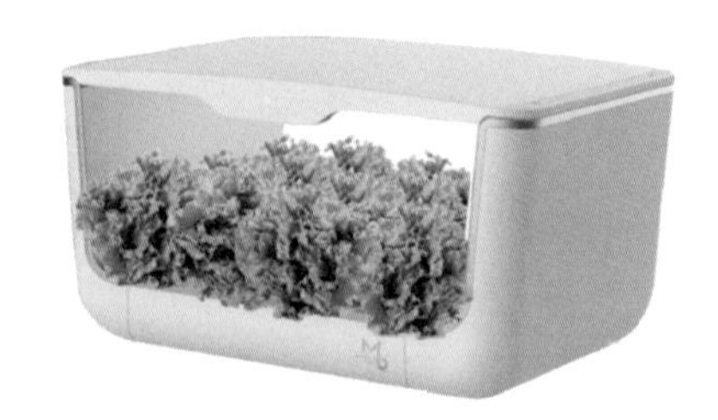

Haier 海尔菜多多

创新特征：APP智能拍照，方便社区菜友互相分享；智能控制面板；提供儿童互动种植工具

MORITA 森田无土水耕机

创新特征：育种技术先进，可提供多种可食用植物的种植；可堆叠，从而提高种植量

麻麻汇智能种植机

创新特征：圆润的外观形态；提供手机APP连接；可控制光照，可堆叠，提高种植量

▲ 市场代表产品

（3）设计诉求

使用群体分析：

对室内种植绿色植物感兴趣的都市白领。

社会特征分析：

- 追求多样化及高质量的生活。
- 强烈的务实主义。
- 普遍具有紧张感和焦虑感。
- 具有社会责任感。

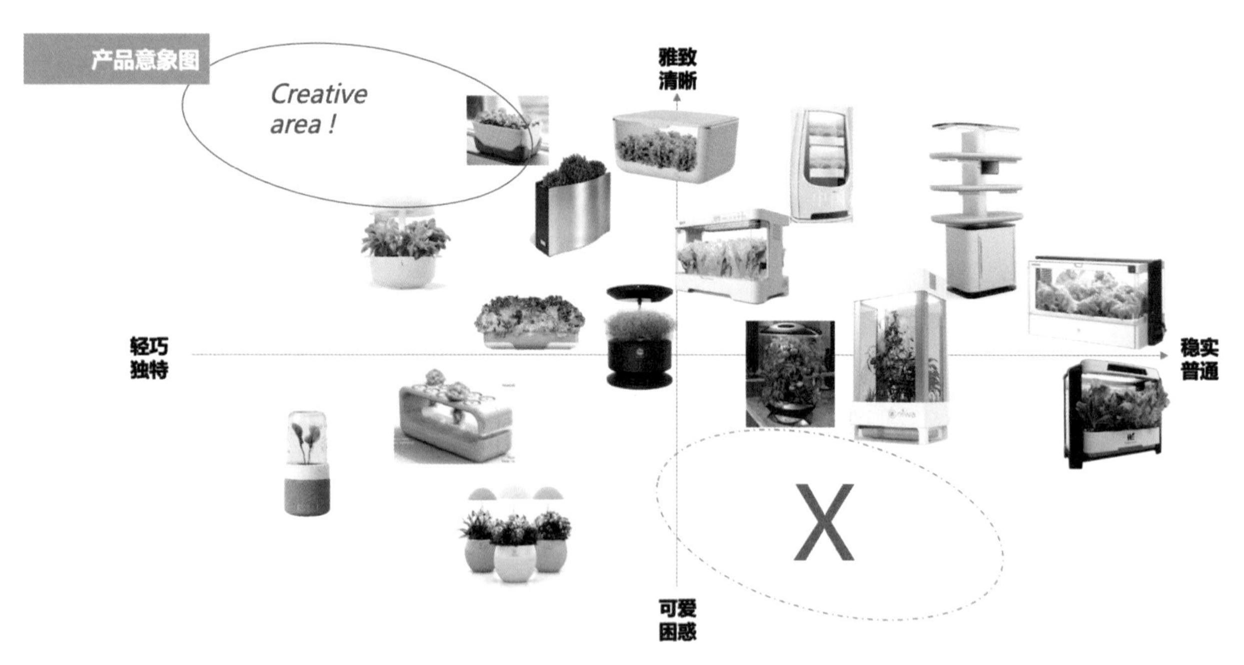

▲ 产品意象分析

用户需求分析如下。
① 用户期待产品放在家中是赏心悦目的。
② 用户期待能尽快收获农作物。
③ 用户所关心的是种植过程及种植收获，而不是产品形态。

市场产品分析：由于目前国内这一领域的竞争对手不多，而且开发出来的产品主要用于出口，所以竞争对手主要来自国外。

设计策略分析：此次产品设计属于创新性设计。

使用环境分析：一般在室内使用。

经济环境分析：购买者多为收入稳定的家庭。

技术环境分析：当前国内设计水平可实现良好的设计、开发与制造。

产品风格分析：通过分析国内外的优秀工业设计产品，进行比较和分析，取其交集作为本次设计定位的参考。

设计目标：采用系统的概念来分析和设定设计原则，把人、产品、环境的关系视为一个完整的系统。分析影响系统的相关因素，筛选重要影响因素作为设计的目标。其设计目标层次关系表示如下。

① 使用安全性。
② 操作语义明确：直接的功能联想和操作联想。
③ 人机尺寸适合：适合使用者的生理特征。
④ 结构形态安全性：结构安全，外表面安全。
⑤ 操作轻便简单。
⑥ 操作性：渐变的操作方式、清晰的人机界面、舒适的操作界面、方便收纳。
⑦ 舒适性：视觉感受舒适、人机操作合理等。
⑧ 具备精良的设计品质和较长的使用寿命。
⑨ 清洁与维护：易清洁、易维护。

（4）概念草图
设计草图 - 方案筛选

在设计研究的基础上，各设计成员通过发散性思维，设计 100 个以上设计方案并绘制草图，然后筛选符合要求的设计方案做进一步优化。

通过各方面综合考虑，最后确定 4 个最具设计潜力的方案。

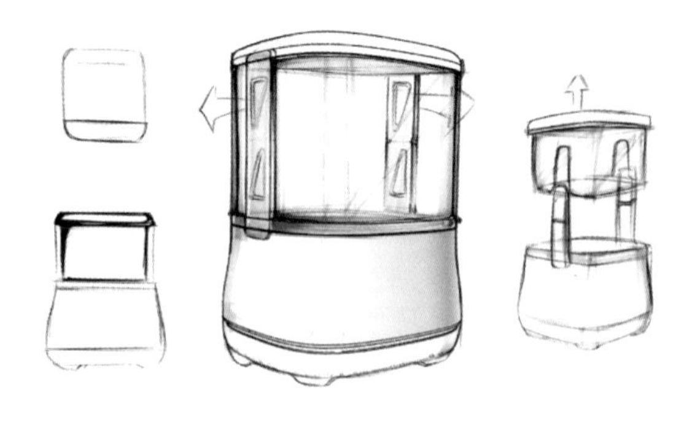

风孔设置在底部，通风口设置在两侧，上下拆分透明罩，便于使用

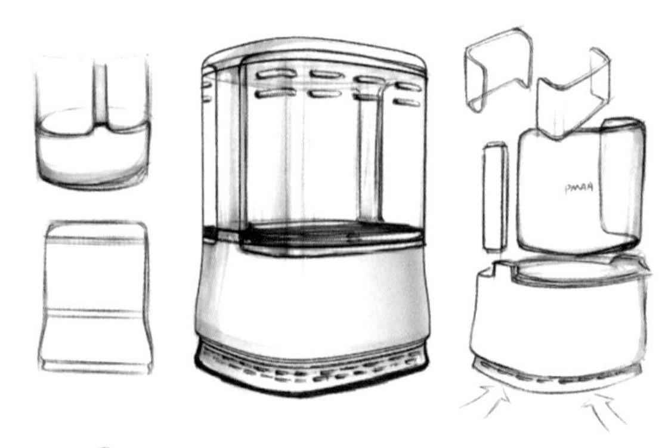

进风孔设置在底侧，出风口设置在透明件上，左右拆分透明罩，便于拆装

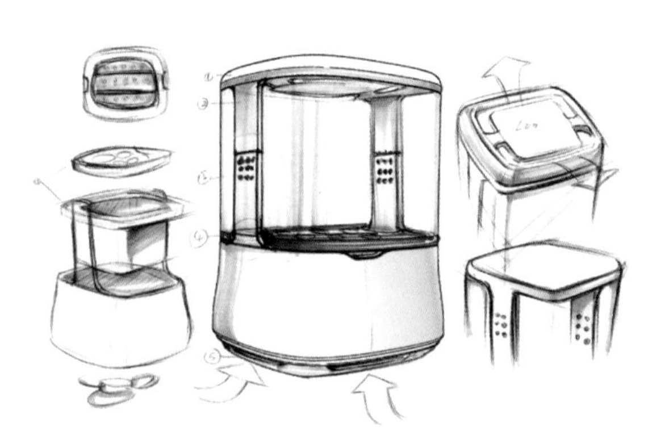

统一形态元素，顶部有通风槽，底侧部有进风口

▲ 部分设计方案的草图

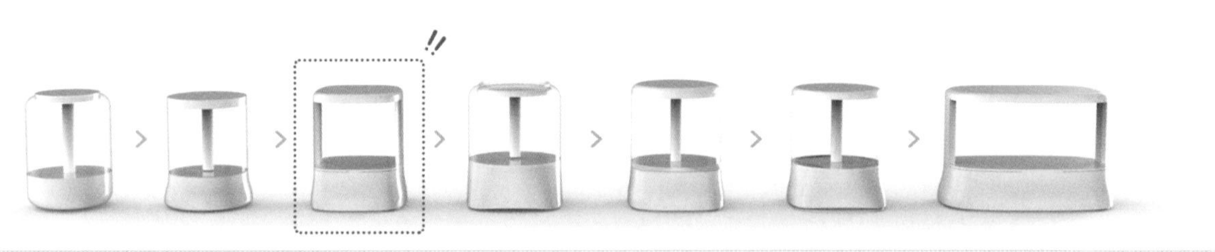

从几何圆柱体到圆角矩形柱体的形态演变过程

▲ 备选的设计方案

（5）设计方案

与客户交流并更进一步考虑生产成本、结构要求和制造工艺后，确定了两个设计方案。设计方案确定后，对结构工艺不合理的地方进行改进。

▲ 预备设计方案

▲ 众菜智能种植机

设计深化：通过对设计细节的讨论，最后确定选择第二个设计方案作为生产方案，效果图如下。

▲ 最后确定的生产方案

（6）界面设计

通过对使用情境进行深入分析，设计产品的线上交互界面。

▲ 产品的线上交互界面设计方案

（7）包装设计

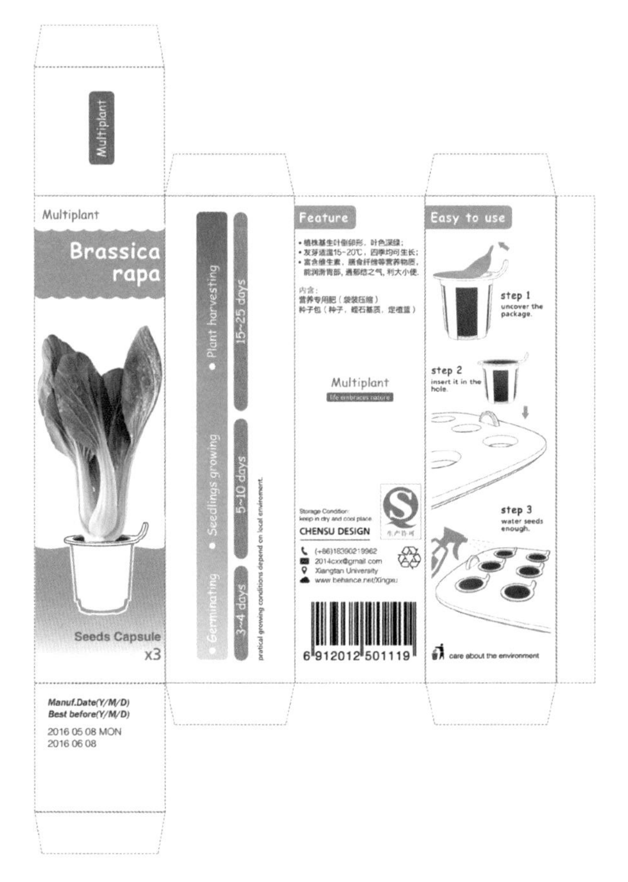

▲ 包装设计方案

（8）结构设计

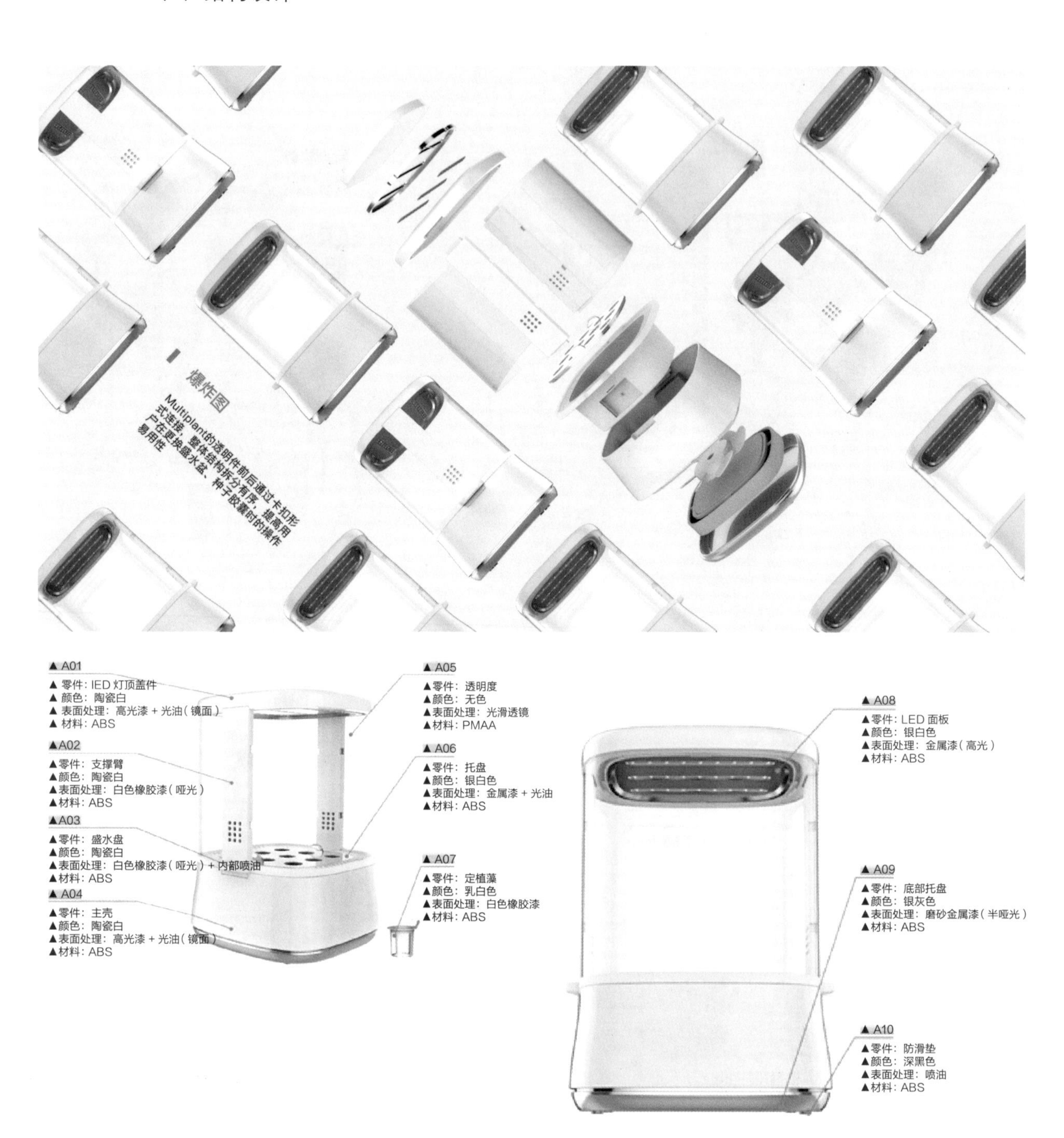

▲ 结构设计方案及说明

第二章　交通工具设计

交通工具是指一切人造的用于人类代步或运输的装置，它是现代人生活中不可缺少的一部分。它的普及推动了人类社会经济和现代文明的高速发展，随着智能时代的到来，交通工具与数字化的联系越来越紧密，交通工具设计的创新向着颠覆式创新和商业模式创新两方面发展，交通工具已经从根本上开始改变着我们的生活方式。本章通过创新物流配送车等设计案例对此进行充分说明。

第一节　交通工具设计概念

一、交通工具

【人类交通工具进化史】

交通工具是指一切人造的用于人类代步或运输的装置，它是现代人生活中不可缺少的一部分。例如，自行车、汽车、摩托车、火车、船只及飞行器等，也包括马车、牛车等动物驱动的交通工具。从这一点来说，黄包车、轿子也可以算是交通工具。随着时代的变迁和科学技术的进步，交通工具也在不断地发展变化，给每个人的生活都带来了极大的便利。

二、交通工具的发展背景及意义

【中国交通工具发展简史】

在人类文明社会早期，交通工具十分落后。随着人类社会科技的发展，古老的农业社会开始出现了马车、牛车及船只等交通工具，成为早期交通工具发展中的一次巨大飞跃。

交通工具的另一次巨大飞跃开始于工业革命。第一次工业革命，詹姆斯·瓦特发明了现代蒸汽机，标志着人类开始进入新的交通发展阶段，蒸汽机车、汽船的发明，极大地“缩短”了区域之间的距离。随着第二次工业革命电的发明及广泛应用，交通工具的种类大大增多，极大地促进了世界经济、科技、文化的交流，使世界逐渐成为一个整体。

今天，方便快捷的交通发挥着更大的作用。随着智能时代的到来，交通工具与数字化技术紧密结合，已经从根本上改变着人们的生活方式，交通工具的发展迎来了一个创新的时代。

第二节　交通工具的分类

【汽车的百年发展史】

一、空中交通工具

空中交通工具主要包括飞机、热气球、飞艇等，依靠空气流体力学原理产生前进的动力。

① 飞机：指具有机翼和一具或多具发动机，靠自身动力能在大气层中飞行的重于空气的航空器。

② 热气球：利用加热的空气或某些密度低于空气的气体，比如氢气或氦气，以产生浮力飞行。热气球主要通过自带的机载加热器来调整气囊中空气的温度，从而达到控制气球升降的目的。

③ 飞艇：一种轻于空气的航空器，它与气球最大的区别在于具有推进和控制飞行状态的装置。

▲ 空中交通工具：飞机、热气球、飞艇

二、陆地交通工具

陆地交通工具主要有汽车、火车、自行车、摩托车等，依靠汽油燃料或人力运动产生动力。

① 汽车：一般是指具有 4 个或 4 个以上车轮，不依靠轨道或架线而在陆地行驶的车辆。

② 火车：是指在铁路轨道上行驶的车辆，通常由多节车厢组成。

③ 自行车：又称脚踏车或单车，是一种两轮的小型陆地车辆。人骑上车后，以脚踩踏板产生动力，是一种绿色环保的交通工具。

④ 摩托车：由汽油机驱动，是一种主要靠手把操纵前轮转向的两轮车，轻便灵活，行驶迅速，广泛用于巡逻、客货运输等，也可作为体育运动器械。

▲ 陆地交通工具：汽车、火车、自行车、摩托车

三、海上交通工具

海上交通工具主要有轮船、气垫船、水上飞机、潜艇等，依靠空气、汽油等燃料作为动力。

① 轮船：广义上是指所有大的、机动推进的船只；狭义上是指用汽轮机推进的船只。

【水上飞机的起飞与降落】

② 气垫船：又叫“腾空船”，是一种以空气在船只底部衬垫承托的交通工具。气垫通常由持续不断供应的高压气体形成。气垫船主要用于水上航行和冰上行驶，还可以在某些比较平滑的陆地或漂浮码头登陆。

③ 水上飞机：是能在水面上起飞、降落和停泊的飞机，简称水机，其中有些也能在陆地

机场起降的，称为两栖飞机。水上飞机分为船身式和浮筒式两种。水上飞机主要用于海上巡逻、反潜、救援和体育运动。

④ 潜艇：是一种既能在水面航行，又能潜入水中某一深度进行机动作战的舰艇，也称潜水艇，是海军的主要作战武器之一。

▲ 海上交通工具：轮船、气垫船、潜艇

第三节　交通工具市场分析

交通工具的普及推动了人类社会经济和现代文明的高速发展，现代交通工具中，汽车的发展最为迅速，汽车工业已经成为我国乃至全世界的支柱产业。

国务院发展研究中心产业经济研究部指出，近年来我国客运交通发生了巨大变化，私人乘用汽车的使用量快速增长。预计到2020年我国的汽车保有量将会达到1.4亿台。私人汽车能够满足人们对便捷性、私密性、舒适性的要求，提高速度与效率，避免噪声污染等外界环境对人的干扰，既能载人也能载物，因此成为人们心目中最佳的个人交通工具。但世界上许多发展中国家机动车发展速度相当惊人，远远超过相对应的基础设施的承受能力，所以城市交通拥堵及石油资源紧缺的情况将日益明显。

除了私人汽车发展迅速，随着我国国民经济全面转型和互联网的快速发展，以及基础设施的进一步完善，电商物流需求也保持着快速增长。电商市场的红火，带动了快递行业的高速发展，这就给物流运输车辆的增长带来了很大的发展空间。市场调查显示，国内物流企业越来越注重增加自有物流运输设备的比重。同时，企业也越来越关注物流运输设备的配套产品，如GPS（全球定位系统）、货车尾板、捆扎系统等产品的市场需求。快递运输企业也呼吁车辆制造厂家针对快递行业提供专属产品与服务方案，保障运输及配送的快速与安全。

上述交通工具的发展现状表明，交通工具设计应该向多元化的创新设计方向发展。

▲ 城市环境现状

【飞行汽车】

第四节　交通工具创新设计的发展趋势

随着人们生活水平的提高，交通工具的创新设计也越来越受到人们的广泛关注。科技的最大价值不仅仅是推动某个产业进步，为人们的生活带来便利，也不仅仅是推动生态与自然的可持续发展，从某种程度上讲，科技的最大意义是在矛盾中寻求最佳平衡的解决方案。

创新设计是指充分发挥设计者的创造力，利用人类已有的相关科技成果进行创新构思，设计出具有科学性、创造性、新颖性及实用性的一种实践活动。创新是设计本质的要求，也是时代的要求。交通工具的创新可以分为颠覆式创新、商业模式创新等。

▲ 特斯拉（Tesla）纯电动汽车

【Tesla Model3】

一、颠覆式创新

颠覆式创新主要在于技术创新和造型创新，作用于人的视觉和触觉两个方面，重点关注形态和材质。

（1）技术创新

技术创新指生产技术的创新，包括开发新技术，或者将已有的技术进行应用创新。技术创新和产品创新的关系，既密切又有所区别。

前页图为特斯拉（Tesla）公司的一款纯电动汽车，它将电作为汽车运行的动力，突破了以石油、天然气作为驱动力的汽车行业现状，加速全球向可持续能源的方向转变，在自然与便捷之间获得了相对的平衡。

（2）造型创新

造型创新是将先进的科学技术和现代审美观念有机地结合起来，使产品达到科学和美学、技术和艺术、材料和工艺的高度统一，既不是纯工程设计，也不是纯工艺设计，而是将艺术与技术结合为一体的创造性设计活动。下图为宝马概念车 BMW VISION NEXT 100，长度为 4.9m，高度为 1.37m，流线型的车身设计，风阻系数为 0.18。这辆车的轮胎安装在车壳的内部，当车转弯的时候，可以看到轮胎位置的这些“鳞片”会随之变形。这样的设计，有助于降低汽车的空气阻力。

产品的创新一般都是源于新技术的发生，每一次技术革命都会围绕一个核心技术展开，第一次工业革命是蒸汽机，第二次工业革命是电，信息革命是计算机和半导体芯片，当下的智能革命则是大数据和机器智能。

【宝马概念车 BMW VISION NEXT 100】

▲ 宝马概念车 BMW VISION NEXT 100

二、商业模式创新

商业模式创新作为一种新的创新形态，其重要性已经不亚于技术创新。商业模式创新是改变企业价值创造的基本逻辑，以提升顾客价值和企业竞争力的活动。它既可能包括多个商业模式构成要素的变化，也可能包括几个要素之间关系或者动力机制的变化。

例如共享单车模式。企业在校园、地铁站点、公交站点、居民区、商业区、公共服务区等提供自行车单车共享服务，是一种分时租赁模式，是一种新型绿色环保共享经济。共享单车实质是一种新型的交通工具租赁业务，其主要载体为（单车）自行车。这种方式可以有效改善城市因快速的经济发展而带来的自行车出行萎靡状况。

【摩拜单车商业模式案例】

▲ 共享单车

第五节　交通工具设计要素分析

【未来交通工具】

【保时捷可飞行出租车】

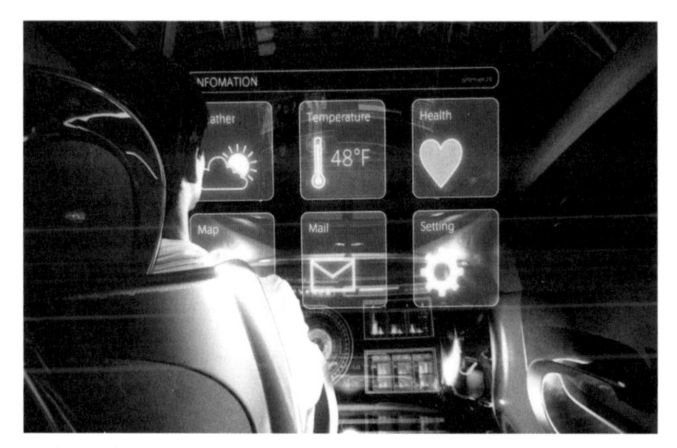

▲ 智能交互

▲ 合理结构布置

未来的交通工具设计一定是创新的、积极的、多模式可变性的、环保的、人性化的、有价值的，也就是既具有坚固的结构和良好的性能，又富于美感、充满激情和活力的、以人为本的设计。未来的交通工具设计更注重人与物的关系，将改善“人－机－环境”系统的整体协调，创造一种全新的、更合理的创造方式和使用方式，全面系统地研究产品、人类动作与物理环境的相互关系。

（1）更加便捷的智能交互

交通工具最本质的作用还是服务于人，人通过车与外界联通，交互的便捷性、简单性、合理性是细节设计的关键。交通工具需要有一个高度集成的智能终端，就像人的大脑控制中枢，既能快速搜集信息，又能迅速地执行命令。

（2）更合理的结构设计

新型能源的利用已经改变了原有汽油车的内部结构设计，在很大程度上也影响了整车的结构和可能性。

（3）符合审美发展的造型语言设计

受到科技材料等多种要素的影响，交通工具的造型已经不再局限为气格栅、后视镜、排气等传统的造型需求及形态设计，将具有更加简洁而科学的设计元素。

第六节 交通工具设计程序与方法

创新设计流程始于脚踏实地——观察并研究现实世界中的各种有形元素。与所有的创意或探索性流程相似，创新设计流程始终处于活动的状态，包含各种模式的活动，并且总是在真实与抽象、了解与制定之间来回摆动，它不是一个线性的或循环的过程。在设计工作中，合理地利用科学的模型和方法论，可以使工作更加紧凑和高效，促进革新性方案的诞生和成长。

交通工具设计是一项有目标导向的解决问题的活动，在很大程度上依赖于人的经验、创造性思维，以及相关知识，应该通过创意和创新工具整合，实现耐用的产品开发，不断满足生产过程中的需求。

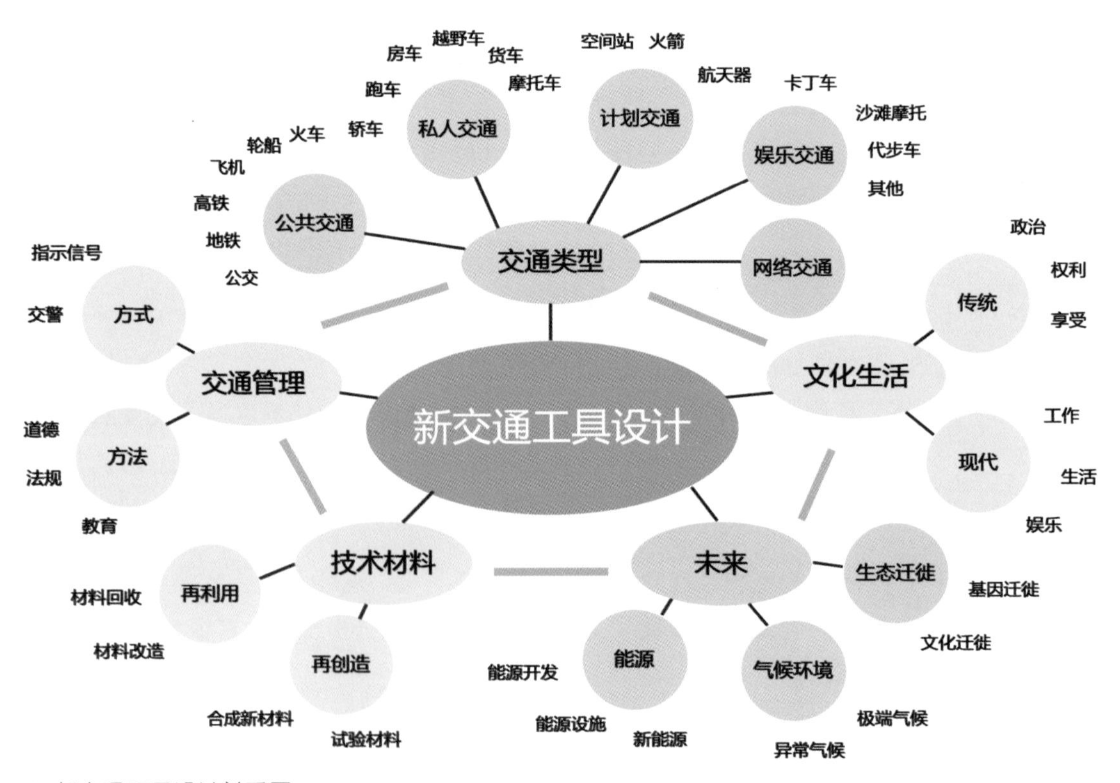

▲ 新交通工具设计关系图

一、设计目标

设计是人与理想世界的现实关系的构建，交通工具设计是人从 A 到 B 的意识需求目标的实现的形态构建。建立交通工具设计方向要抓住核心，才能突破陈旧的设计边界。

在快速发展的多维、多元化大环境下，信息、数据、制度、能源所引领的新系统下的智能，会给交通工具设计带来前所未有的创新。未来的交通工具设计，不同于传统方式，只关注造型，而要更多地关注驾驶乐趣和使用者需求的变化，要坚持人与社会和环境的良性共生，促进可持续发展目标的实现。

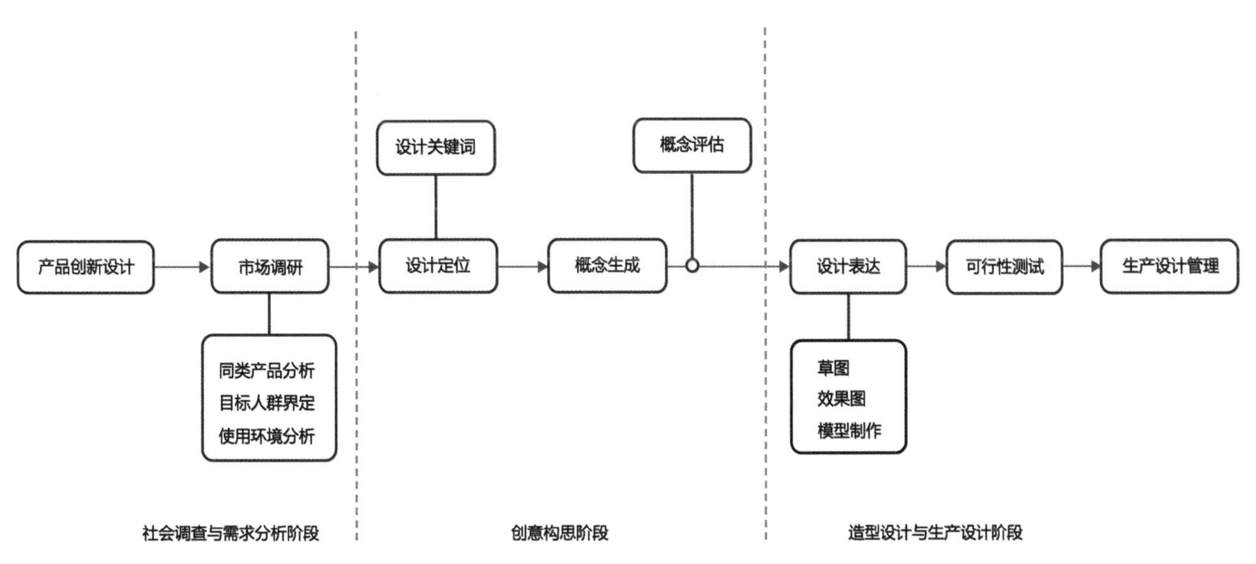

▲ 交通工具设计流程图

二、设计程序与方法

交通工具创新指的是创造某种新交通工具或对现有的交通工具的功能进行创新。全新交通工具创新是指交通工具的使用方式及其原理有显著的变化。改进产品创新是指在技术原理没有重大变化的情况下，基于市场需要对现有产品所做的功能上的扩展和技术上的改进。

交通工具的创新设计过程主要是产品的功能规划和描述，产品的形态构成和色彩描述及用材、结构和工艺描述。一个优秀的交通工具设计，应该建立在详尽周密的用户研究、大量的市场调研和突发性的创造性构思基础之上。

一般产品设计可分为三个阶段：社会调查与需求分析阶段、创意构思阶段、造型设计与生产设计阶段，交通工具设计也不例外。

三、市场调研

产品源于社会需求，受市场要素的制约，因此，产品竞争力的关键是产品能否给消费者带来使用上的便利和精神上的满足。市场调研在产品设计流程中是很重要的一步，设计产品所有的出发点和思维重点都是根据调查分析的资料和结果决定的。

在掌握大量信息资料的基础上，对所收集的资料进行分类、整理和归纳。针对所收集的材料进行以下分析。

① 同类产品分析：包括功能、结构、材料、形态、色彩、价格、加工工艺、技术、销售、市场等。

② 使用者分析：包括使用者的生理和心理需求、生活方式、消费习惯等。

③ 产品使用环境分析：包括使用时间、地点及其他因素。

④ 影响产品的其他因素分析。

1. 同类产品分析

在大多数组织中，关注竞争对手的业务活动是一种必要的市场行为。竞争产品分析的内容可以由两方面构成：客观和主观。客观即从竞争对手或市场相关产品中，圈定一些需要考察的角度，了解真实的情况，此时不需要加入任何个人的判断，应该用事实说话。主观是一种接近于用户流程模拟的结论，比如可以根据事实（或者个人情感），列出竞争产品或者自己产品的优势与不足，从而明确自己的设计特点。

2. 产品使用环境分析

交通工具是现代人生活中不可缺少的一部分。交通工具的发达，给人类带来了方便和快捷，却没有给人类带来幸福。21 世纪是全球化的世纪，交通工具的使用更加频繁，但随之也带给人类无尽的烦恼甚至是灾难。

在进行交通工具设计之前，应该对产品的使用环境进行细致研究，交通环境、路面环境等都会对产品设计的定位产生重要影响。

3. 目标人群界定

设计是一项有计划的、有目的的活动，设计师不是毫无根据地凭着个人的想象设计产品。在进行一项产品设计之前，设计师必须通过对市场多方位、多角度的调研和分析才能准确把握消费者的需求。不同的人群对产品的需求有所不同，所以设计前首先要进行目标人群界定。这个产品为谁而设计？给谁使用？目标人群的性别、年龄、收入等问题是设计师必须考虑的问题。

产品设计调研方法有很多，比较常见的是访问的方法，包括面谈、电话调查、邮件调查等，还可以通过观察法、实验法、数据资料分析法等进行相关调研。

▲ 确定目标人群

人物角色又称“人物志”，用于分析目标用户的原型，描述并勾画出用户行为、价值观及需求。用户调研完成后，可使用人物角色方法总结交流所得的结论，从而确定目标用户在现实生活中的行为、价值观和需求。

主要流程如下。

① 大量收集与目标用户相关的信息。

② 筛选出最能代表目标用户群且最与项目相关的用户特征。

③ 创设 3 ～ 5 个人物角色，分别为每一个人物角色命名；尽量用一张纸或其他媒介表现一个人物角色，确保概括得体、清晰到位；运用文字和图片表现人物角色及其背景资料，在此可以引用用户调研中的用户语录；添加个人信息，如年龄、教育背景、工作、种族特征、宗教信仰和家庭状况等；添加每个人物角色的主要责任和生活目标。

（1）趋势分析法

趋势分析法能帮助设计师明析用户需求和商业机会，从而为进一步制定商业战略设计目标提供依据，也能催生新的创意。

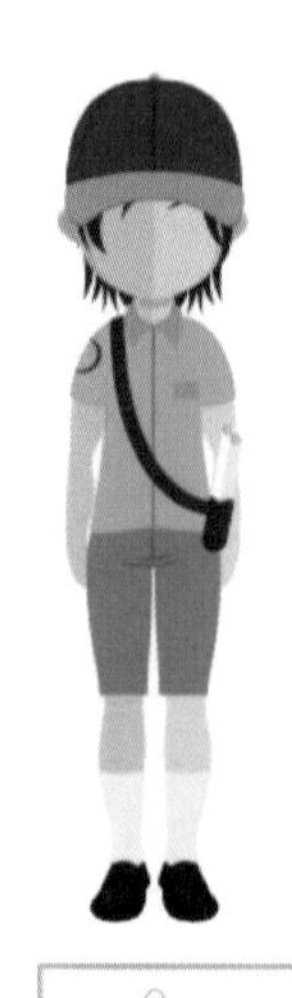

▲人物角色

主要流程如下。

① 尽可能多地列出各种趋势。

② 使用一个分析清单，帮助自己整理相关的问题和答案。例如，DEPEST 清单：D= 人口统计学（Demographic）；E= 生态学（Ecological）；P= 政治学（Political）；E= 经济学（Economic）；S= 社会学（Social）；T= 科技（Technological）。

③ 过滤相似的趋势并将各种趋势按照不同等级进行分类。辨析这些趋势是否有相关性，并找到它们之间的联系。

④ 将趋势信息置入趋势金字塔中，依据 DEPEST 趋势分析清单，设定多个趋势金字塔。

⑤ 基于趋势关系，确定有意思的新产品或服务研发方向，也可将不同的趋势进行组合，观察是否会激发新的设计灵感。

分析所得趋势报告不仅能激发设计灵感，还能帮助设计师认清推出新产品所面临的风险和挑战。

（2）观察法

观察法是一种基本的研究技巧，需要研究人员细心观察各种现象并做出系统性的记录，包括观察人物、组件、环境、事件、行为和互动过程。

半结构性或随机观察方法是一种描述设计探索阶段的实地观察方法。实地观察时应该系统地、谨慎地记笔记、绘制草图、拍摄照片或者原始的视频画面。如在交通工具设计时，可以系统观察别人的开车行为、环境等。

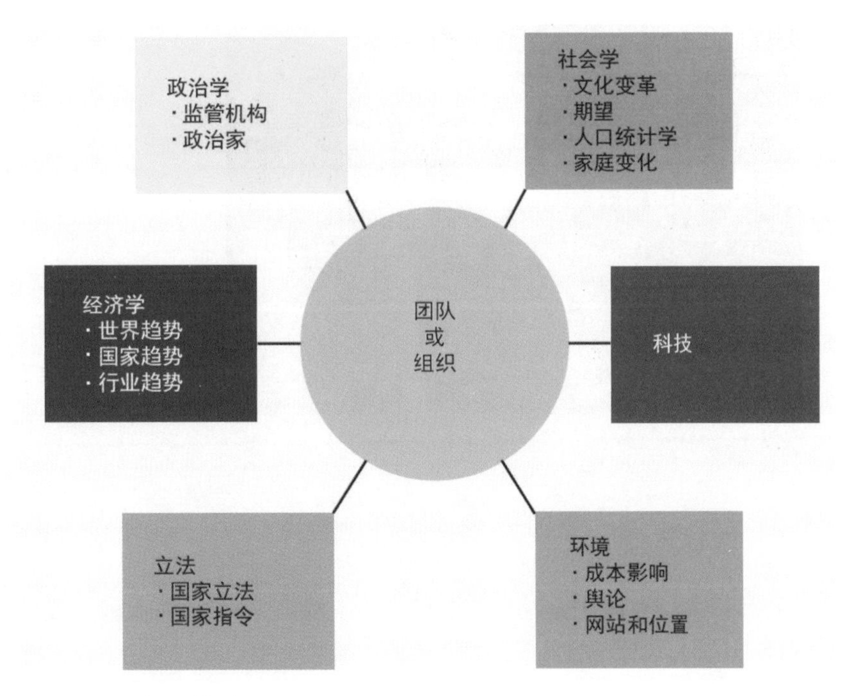

▲ DEPEST 清单模型

结构性和系统性观察方法需要采用工作表、检查清单或者其他形式的记录方式来观察事物发展过程中的物体和事件。

▲ 开车行为观察

▲ 参与观察法

(3) 参与观察法

参与观察法，是指设计师积极参与并身临其境地观察相关的事物，与研究对象一起经历各种事情。例如，设计师可以乘坐公共汽车观察过往的乘客，或在观看足球比赛时，观察观众的行为。参与观察法的设计师需要时刻保持警觉，并保持一定的客观性，以避免对小组成员产生不必要的影响。

四、设计定位

通过前期大量情报资料的收集与分析，在了解目前和未来可能的设计条件的基础上，把从中发现并需要解决的问题与其他因素进行归纳和分析，找出其产生的主要原因，然后进行设计定位。

设计定位是在产品开发过程中，运用商业化的思维分析市场需求，为新产品的设计方式、方法设定一个恰当的方向，以使新产品在未来的市场上具有竞争力。

1. 设计关键词

美的有效传达首先就要有一个明确的设计概念。产品的设计关键词不是一个笼统的概念，是设计师对交通工具产品设计构成的一种前期设计规划，可以被归结为一种对产品的总体描述。

2. 感性联想法

感性联想法是一种基于人类的自然感性能力的创新方法。其主要目的是通过周围环境对设计师进行刺激，从而产生创意。

主要流程如下。

① 所有设计成员聚集在室内，形成一个非常有创意的环境，并在白板上布置大量的分类信息、图片。

② 开始讨论时，一名成员作为记录者，其他成员安静地看白板上的产品图片，思考目标产品的起源和演化趋势。

③ 当创意图片在脑海中经过比较和提取后，再用一个感性的短语将其描述出来（例如，可爱顺从得像一只小鸟、纤细的腰，但目光锐利如鹰），并记录下来。

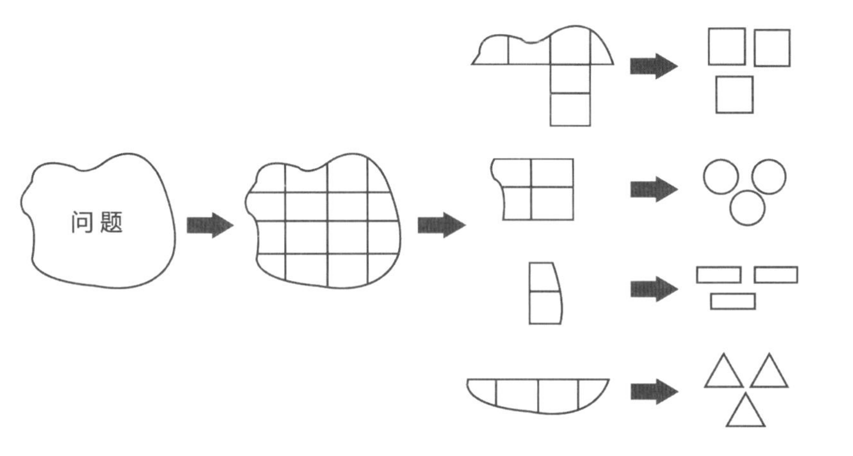

▲ 问题分解图

▲ 寻找关键词

▲ 感性联想法

④ 比较信息、图片，然后观察并思考，从关联信息中提取新的想法及创意概念。

因为感性联想法包括四种人类的自然行为：寻找、思考、比较和描述，以及有利的周围环境刺激，所以设计的创意点可以很容易地被激发出来。在这样一个自然和互动的气氛中，不仅团队成员的创新能力得以增强，而且可以产生很多实用且有创意的理念。

五、概念生成

产品概念包括产品的功能描述和产品的形态、结构描述。

1. 产品的功能描述

产品的功能包括主要功能、次要功能和辅助功能。例如，手机的主要功能是通话和发信息，辅助功能是看时间、玩游戏等。此外，除了产品本身的功能外还包括附加功能，如社会功能，手机的档次能体现使用者的品位和身份等。

2. 产品的形态、结构描述

在此阶段应当对产品形态进行限定，设计师在工艺和市场允许的范围内进行设计，在发挥创造力的同时又能满足市场的需求。

（1）类比法和隐喻法。

在创意的生成阶段，类比法和隐喻法的作用尤其突出。透过另一个领域来看待现有问题，能激发设计师的灵感，找到探索性的问题解决方案。使用类比法时，灵感源与现有问题的相关性可近可远。例如，与一个办公室空调系统相关性较近的类比产品可以是汽车、宾馆或飞机的空调系统；而与其相关性较远的类比产品，则可能是具备自我冷却功能的白蚁堆。隐喻法则有助于向用户传达特定的信息，该方法并不能直接解决实际问题，但能形象地表达产品的意义。

主要流程如下。

① 表达。

类比：清晰表达需要解决的设计问题。

隐喻：明确表达想通过新的设计方案为用户带来的用户体验性质。

② 搜寻。

类比：搜寻该问题被成功解决的各种途径。

隐喻：搜寻一个与产品明显不同的实体，该实体需具备想要传达的品质特点。

③ 应用。

类比：提取已有元素之间的联系，抓住这些联系的精髓，并将所观察到的内容抽象化。将抽象出的关系经过变形或转化，应用于需要解决的设计问题中。

隐喻：提取灵感领域中的物理属性的本质，将其转化运用，匹配到手头的产品设计或服务上。

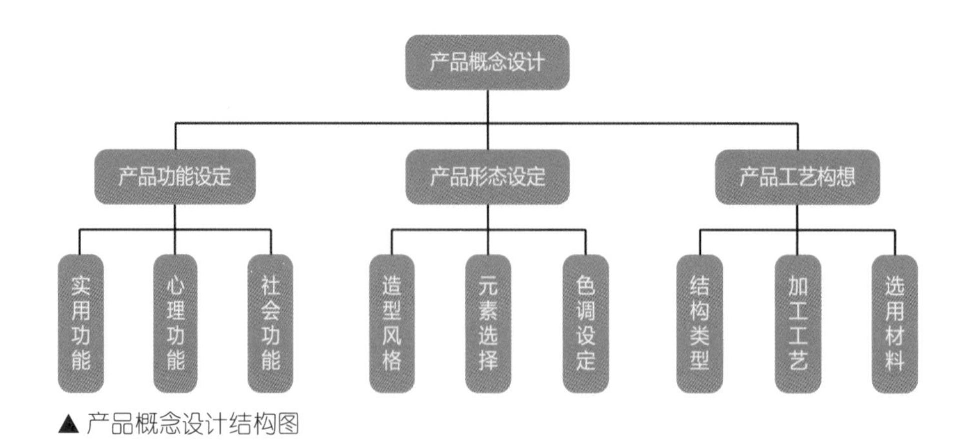

▲ 产品概念设计结构图

▲ 类比法和隐喻法

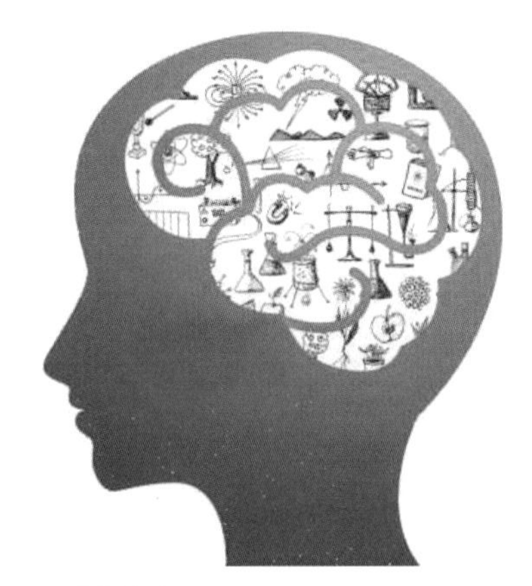

▲ 提喻法

（2）提喻法。

提喻法是一种结合类比法及不同元素（明显不相关元素）来解决创造性问题的综合性方法。通过此方法能辅助设计师生成有限的、高质量的初步创意。在使用过程中，提喻法需要结合类比法产生设计创意。

主要流程如下。

① 进行问题说明。邀请所有人简要介绍并讨论设计问题。

② 分析问题，重述问题，将问题确切地表述为一个具体的目标。

③ 收集并记录脑海中最初的创意。

④ 找到一个相关的类比或隐喻。

⑤ 通过自问的方式探索类比情况。在类比情形中，产生了哪方面的问题？有哪些方面已经找到了解决方案？

⑥ 将不同的解决方案强行匹配在重新表述的问题说明中，并收集和记录该过程中产生的创意。

⑦ 测试并评估现有的创意。运用逐项反应法或其他选择方法对上述各种创意进行选择。

⑧ 将所选创意发展为设计概念。

（3）功能分析法。

在分析产品的过程中，需要将产品或设计概念通过功能和子功能的形式进行描述，产品被视为一个包含主功能及其子功能的科技物理系统，因为产品通常是由承载各个子功能的“器官”组成的。通过选择合理的部件形式、材料及结构来实现产品的子功能及整体功能。

主要流程如下。

① 以黑匣子形式描绘产品应该具备的主要功能。

② 列出产品子功能清单。

③ 面对复杂的产品，先理清产品功能结构图，然后推断出该产品所需的各部件应承载哪些子功能，也可以从分析现有产品入手。

④ 整理并描绘功能结构，包括补充并添加一些容易被忽略的“辅助”功能，并推测该功能结构的各种变化，最终选定最佳的功能结构。

（4）渔网模型法。
产品目标功能的基础框架与满足这些功能所需的部件确定后，即可开始使用渔网模型法。

主要流程如下。

① 建立结构概念。先从定义基本部件的功能入手（所谓的部件，即实现工作原理和使用功能所需的具体技术部件和组件）；然后依据各部件的空间排列顺序推理出不同的拓扑变化；再将所有的拓扑变化进行分类，并分别将每个类型的拓扑结构深入发展成为结构概念。例如，开放式结构、压缩式结构或平行结构等。

【自行车内部结构】

▲ 自行车部件功能分析

▲ 卡丁车形态分析

② 建立正式概念。集中关注功能结构的整体形式，并绘制草图表现多种几何形式的可能性。根据结构部件的整合性、所需材料等因素，综合评估正式概念草图的可行性，并将这些概念草图按照形态进行分类。

③ 建立有形概念。寻找详细的方案（涵盖制造、装配等各方面的因素），实现上一步所得的一个或几个正式概念，并规范说明实现该概念所需要的材料、处理工艺、质感和色彩等。

（5）形态分析法。

在进行形态分析法之前，首先要准确定义产品的主要功能，并对将要设计的产品进行一次功能分析，然后用主功能和子功能的方法描述该产品。

主要流程如下。

① 准确表达产品的主功能。

② 明确最终解决方案必须具备的所有功能及其子功能。

③ 将所有子功能按序排列，并以此为坐标轴绘制一张矩形图。例如，如果需要设计一辆踏板卡丁车，那么它的子功能为提供动力、停车、控制方向等。

④ 针对每项子功能参数，在矩形图中依次填入相对应的多种解决方案。这些方案可以通过分析类似的现有产品或者寻求新的解决途径得出。例如，踏板卡丁车的刹车可以通过以下多种方式实现：盘式制动、悬臂式刹车、棍子插入地面、降落伞式或其他方式。

⑤ 分别从每行中挑选一个子功能解决方案，组合成一个整体的原理性解决方案。

⑥ 根据设计要求，分析得出所有原理性解决方案，并选择三个方案进一步展开。

⑦ 为每个原理性解决方案绘制若干设计草图。

⑧ 从所有设计草图中选择若干有前景的创意，并进一步细化成设计提案。

六、概念评估

在产品概念设计的初期，会生成大量的设计概念，但这些设计概念不可能全部实现，因此有必要进行筛选。在筛选时必须考虑两个重要的因素：第一，新产品的概念是否符合企业的目标，如利润目标、销售稳定目标、销售增长目标和企业总体营销目标等；第二，企业是否具备足够的实力来开发所构思的新产品，这种实力包括经济实力和技术实力两个方面。

在概念评估过程中，可以运用以下几种方式展示设计概念。

① 文字概念：运用场景描述用户如何使用该产品，或列举该创意在各个方面的特点。

② 图形概念：运用视觉表现方式呈现产品创意。在设计流程的不同阶段，可以灵活运用不同的表现形式，如设计草图、详细的计算机三维辅助设计模型等。

③ 动画：运用动态视觉影像展示产品的创意或使用场景。

④ 虚拟样板模型：运用三维实体模型展示产品的创意。

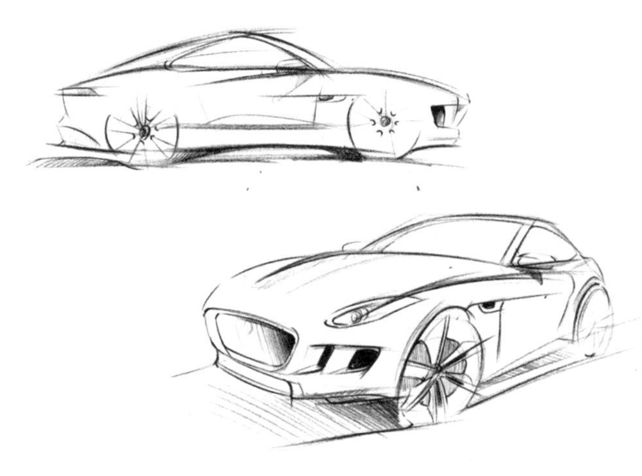

▲ 设计草图

▲ 三维模型

1. 产品概念评估

产品概念评估可用于整个设计流程中。设计师可以运用产品概念评估了解目标用户和其他利益相关者对设计概念的评价，并依此决定设计方案中哪些因素需要进一步优化，或对是否继续发展该设计概念做出决策。

主要流程如下。

① 描述产品概念评估的目的。

② 选定进行产品概念评估的方式，如个人访谈、讨论组等。

③ 运用适当的方式表现设计概念。

④ 制订一个包含下列内容的评估计划：评估目的和方式、受访者的描述、需要向受访者提出的问题、产品概念需要被评估的各个方面、测试环境的描述、评估过程的记录方法、分析评估结果的计划等。

⑤ 寻找并邀请受访者参与评估。

⑥ 设定测试环境，并落实记录所使用的设备。

⑦ 引导参与者进行概念评估。

⑧ 分析评估结果，并准确呈现所得到的结果，如以报告或海报的形式展示结果。

▲ 概念评估

2. 产品可用性评估

在产品的设计过程中，在不同的阶段，需要对不同的项目进行评估。在开始阶段，需要测试并分析类似产品的使用情况。在设计的初始阶段，可以运用草图、场景描述及故事板等方式模拟设计概念并进行评估。然后通过三维模型对造型和功能模型进行测评。在完成阶段，需要对最终产品的功能模型进行测评。

主要流程如下。

① 用故事板的形式表达预期的真实用户及其使用情景。

② 确定评估的内容（产品使用中的哪个部分）、评估方式及在何种情景下评估。

③ 详细说明提出的设计假想：在特定的环境中，用户可以接受、理解并操作产品的哪些功能。

④ 拟定开放性的研究问题。

⑤ 设立研究：表达产品设计（故事板或实物模型等），确定研究环境，为参与者准备研究指南和所要研究的问题。

⑥ 落实研究参观者并让其知悉研究的范围，进行研究并记录过程。

⑦ 对评估结果进行定性分析（相关问题及机会）和（或）定量分析。

⑧ 交流评估结果，并根据结果改进设计方案。

七、设计表达

交通工具的造型设计与生产设计阶段主要是根据上一步所提炼出的产品概念进行产品的具体化实现，具体包括产品的功能设计、外观设计、人机交互设计、用户体验设计等。这一阶段需要在产品概念的约束下，制作大量的设计方案，将产品功能、形态的可能性实现最大化，使新产品达到最好的状态。在这一环节所做的工作大致包括概念草图绘制、效果图绘制、参数化模型制作、外观手板制作和模具制作等。

▲ 概念性草图

1. 草图

进入产品设计环节后的第一个阶段就是绘制草图。绘制草图可分为研究性草图和表现性草图两个阶段。研究性草图是设计师进行设计思考的过程，这一阶段需要绘制大量草图，由量变转换为质变，从而设计出比较成熟的方案。表现性草图是设计师进入深入思考的一种手段，是从研究性草图中挑选出重点方案进行深入表现。

【交通工具手绘草图赏析】

▲ 交通工具研究性草图

2. 效果图

草图方案确定后需要制作精细的效果图，用于效果演示和方案汇报。按照绘制方法，产品的效果图可以分为手绘效果图和计算机辅助设计绘制效果图两种。

▲ 手绘效果图

▲ 计算机辅助设计的二维效果图

【欧宝概念汽车monza设计手绘效果图】

▲ 计算机辅助设计三维建模和渲染图

3. 模型制作

在方案定稿阶段，一个非常重要的过程就是样机模型制作。由于产品方案从二维空间转到三维空间会产生视觉偏差，因此方案定稿后通常通过制作手板以验证产品的实体效果是否与方案存在差距，并根据手板对平面图样进行修正。

常见的产品模型主要有意向模型、简略粗模、概念模型、结构模型、样机模型等。

根据模型所使用的材料，可以将其分为石膏模型、塑料模型、发泡塑胶模型、黏土模型、油泥模型、纸材模型等。

▲ 塑料模型

▲ 油泥模型

八、可行性测试

产品方案初步定稿后就可以进行样机制作，这个阶段的内容包括根据外观模型进行零件的分件、确定各个部件的固定方法、确定产品使用和运动功能的实现方式、确定产品各部分的使用材料和表面处理工艺等。在产品形成过程中，这个阶段起着十分重要的作用。

对于一个产品来说，往往需要从不同角度提出许多要求或限制条件，而这些要求或限制条件常常是彼此对立的。例如，高性能与低成本的要求，结构紧凑与避免干涉或足够调整空间的要求，在接触式密封中既要密封可靠又要运动阻力小的要求，以及零件既要加工简单又要装配方便的要求等。设计时必须面对这些要求与限制条件，并根据各种要求与限制条件的重要程度去寻求某种“折中”，求得对立中的统一。根据不同的生产设计要求，不断地对样机进行测试、改良、迭代，一步一步地完善产品的设计。

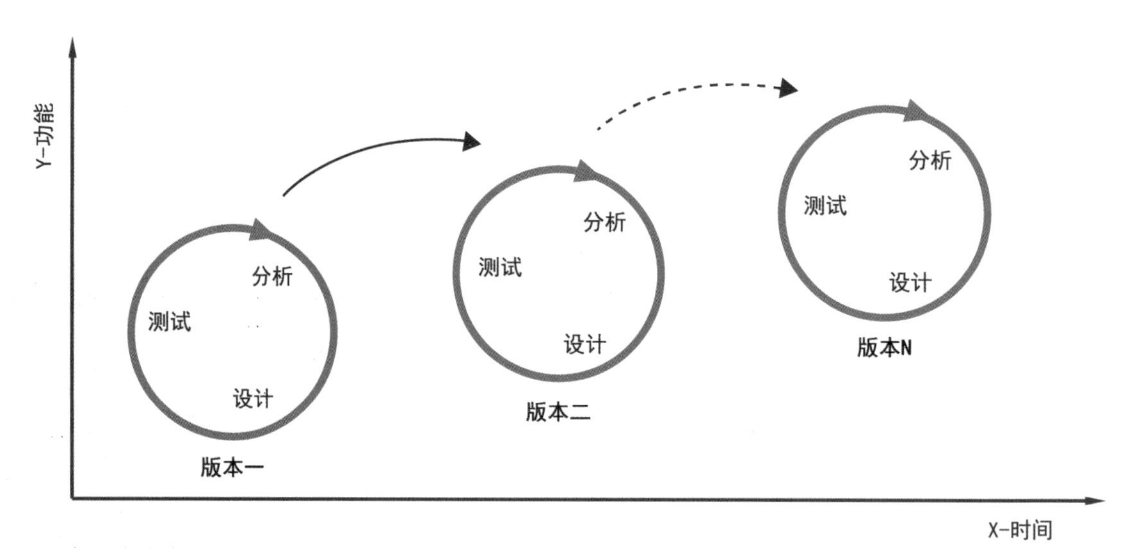

▲ 产品的迭代过程

第七节　交通工具设计案例分析

【创新物流配送车】

案例设计者：周才致

创新物流配送车为末端物流配送工具，它能很好地解决城市 CBD（中央商务区）“最后一公里”配送上楼困难这一问题。它小巧灵活，配送效率高；它属于电动助力车，可以在法律许可的范围内在人行道上行走自如，无须考虑交通拥堵因素。

一、市场调研

科学技术的快速发展使物流配送更加科学化、合理化，国内市场对物流配送的需求十分旺盛，物流配送将逐步成为国家新的经济增长点。2013 年，中国快递行业的业务量为 92 亿件，2014 年达到 140 亿件，2015 年则超过 206 亿件。基于电商平台的大量涌现和电商交易额的飞速增长，快递行业已成为一个快速发展的市场。随着当前快递行业的快速发展、配送行业市场容量不断扩大，写字楼区域物流终端配送问题日趋明显，主要表现在以下几个方面。

① 目前物流配送所使用的交通工具（如三轮车、电动车）不能进入电梯、仓储困难。

② 性价比低，价格较贵。

③ 一线城市“禁摩限电”趋势日益明显，市场上缺少末端配送专用工具。现有市场上急需一款适应当前社会发展和需要，同时符合法律规定的物流配送工具。根据市场痛点，对此进行分析，设计一款能够解决市场需求的创新型物流配送车。

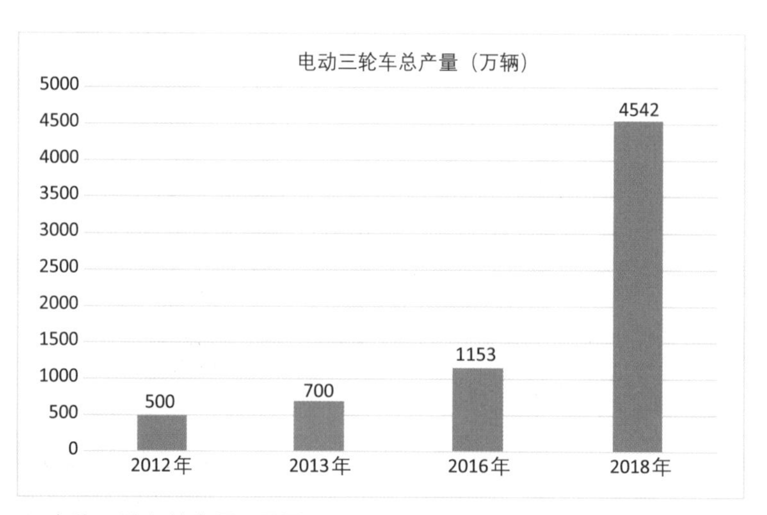

▲ 电动三轮车总产量（万辆）

1. 市场趋势分析

（1）快递行业

基于电商平台的大量涌现和电商交易额的飞速增长，现阶段快递行业已然成为一个快速发展的市场。根据前瞻产业研究院提供的《2016—2021 年中国快递行业市场前瞻与投资战略规划分析报告》显示，2018 年快递业务量完成 505 亿件，同比增长 25.8%，约为 2012 年的 9 倍，整体呈现出高速增长的趋势。

（2）外卖行业

在“互联网+”的浪潮下，多种生活服务业态发生着颠覆性的变化，“懒人经济”成为了一种经济现象。随着互联网以及餐饮业的不断发展，外卖已经成为了人们的主流生活方式之一。近年来中国外卖产业链逐步完善，餐饮外卖市场逐步成熟。

在线外卖的发展提升了线下餐厅的食品加工和供给能力，同时也由于方便快捷的服务激发了大量的新需求，包括对家庭自我服务的替代以及由外卖衍生出来的市场化配送服务。前瞻产业研究院数据表明，网上外卖用户也持续增长至4.06亿，增长幅度为18.4%，其中有3.97亿人通过手机网上点外卖。目前，我国外卖用户增长速度趋向稳定，但市场仍未饱和。近年来，餐饮外卖增长速度均在10%以上，超过了传统餐饮行业的增速。由于市场越来越成熟，用户在外卖平台上多样化消费习惯逐渐养成，预计互联网餐饮外卖市场在未来仍将继续增长，2020年有望突破3000亿元。

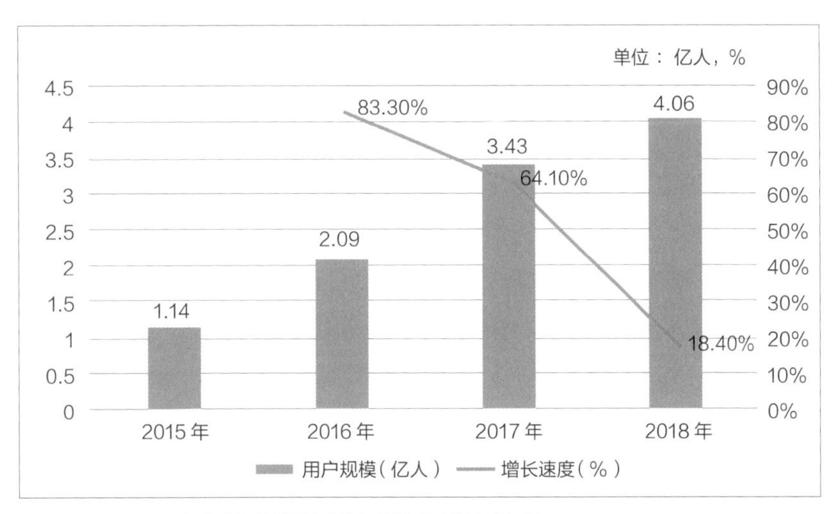

▲ 2015—2018年网上订外卖用户规模及增长速度

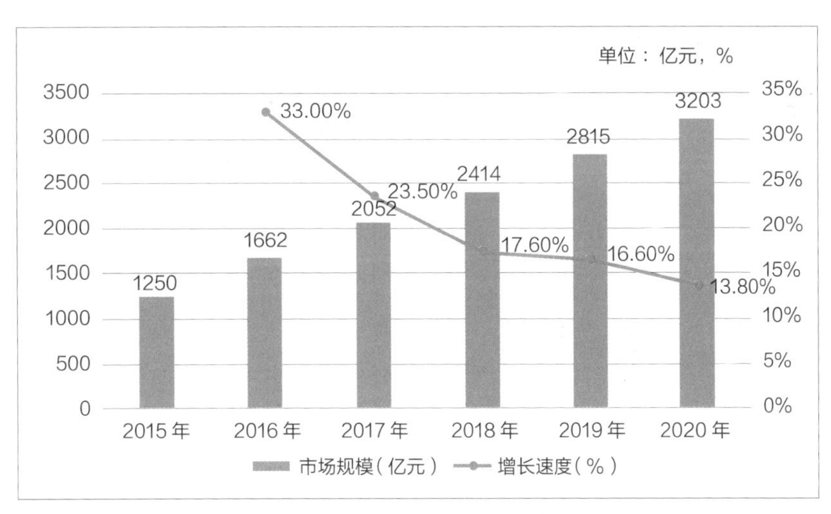

▲ 2015—2020年中国餐饮外卖市场规模、增长速度及预测

（3）城市“禁摩限电”

以深圳为例。深圳交通管理部门表示，将取消两年一次的特殊行业电动三轮车的备案审核，同时，适当延长“过渡期”，给予相关快递企业“缓冲”，尽快消化库存的邮件，主动清理违规车辆。深圳交通管理的这一做法，其实也是治标不治本。对此，中国快递协会原副秘书长、永驿物联智库资深专家邵钟林表示，解决快递电动三轮车难题的关键是解决快递电动三轮车的合法身份问题，即推出快递“专用车”。

针对“禁摩限电”，大型快递企业也在积极寻求应对措施。目前，深圳市已经有一部分大型的快递公司，如顺丰速运、邮政 EMS、韵达等，使用新能源汽车送货。然而，新能源汽车昂贵的价格使推广并不顺利，仅有几辆作为试点使用。同时，没有电动三轮车小巧的车型，面对大城市的交通拥堵问题，即便是新能源汽车也显得十分尴尬与无奈。

2. 同类产品分析

通过竞争分析的方法对同类产品进行分析。

（1）快递主要配送工具

快递业务的迅速扩张，拉动了配送车辆数量的急剧增长。目前，快递行业配送车辆分为三类：电动三轮车、电动自行车和汽车。统计数据显示，快递公司完成最后一公里的配送任务时，90% 以上选用的是电动三轮车。理论上，电动三轮车的配送半径：单电池的为 50 公里，双电池的为 90 公里，完全可以满足快递公司日常取、送件的需求。另外，电动三轮车具有载重量大，配送效率高等优点，货物安全性也较电动自行车更有保障。所以，电动三轮车在快递行业的使用率最高。业内人士称，快递行业的主力军“四通一达”、顺丰速运、邮政 EMS 等，都是依靠电动三轮车完成最后一公里配送任务的。

▲ 电动三轮车

(2) 外卖的主要配送工具

网上订外卖是一个巨大的消费市场。配送外卖有三大特点：第一，时间非常集中，通常需要在正午前后两个小时内完成；第二，地点非常分散，通常一个餐馆需要给多个地点送外卖；第三，单位量非常少，通常一个地点需要的外卖数量不多。基于这些原因，导致配送外卖不适合用汽车来完成，而电动自行车则比较适合。于是电动自行车由于其灵活机动、方便省力等特点，成为配送外卖的主要交通工具。

▲ 电动自行车

▲ 创新物流配送车

【创新物流配送车细节图】

3. 目标人群界定

本产品初步确定为高端写字楼的配送工具，下面对所涉及的用户进行人物访谈。

▲ 冯少水

冯少水

年龄：28 岁

职业：快递员

月收入：6000 元 + 提成

工作时间：每天 8 小时，有时会根据快递件数的多少来确定是否加班，如果是“双十一”期间，基本上每天工作 12 个小时以上。

工作烦恼：经常会遇到上门配送时用户不在家的情况，这给其工作带来了很大的困扰，严重影响了工作效率。如果用户不在家，一个订单需要跑 2 ～ 3 次才能完成，这无疑会增加更多的工作量。

同时，由于快递件比较分散，有些快递件在城南，有些快递件在城北，而快递公司又交错分布，造成重复配送。比如都是在平和小区，我们来过一次，另一家快递公司也来过一次，本来可以一次配送的快递件，结果用了两次，这就增加了配送环节的人力成本。

▲ 张晓曦

张晓曦

年龄：27 岁

职业：白领

月收入：8000 元 + 提成

工作时间：每天 8 小时，朝九晚五。

工作烦恼：作为公司的管理阶层，每天会收到很多快递件，有些快递件在自提点，需要我自己去拿，有些快递件会直接送过来，但是一般配送的时间都不巧合，有时我在开会，有时我正好去见客户不在公司。我希望可以有一种方法，让我可以和快递员进行协商，让快递员在我们约定的地点或者时间给我配送快递。

4. 用户需求分析

通过实地调研，获得实际的用户对于末端物流配送工具的需求分析，因此，我们的设计将围绕用户的需求来进行。通过饼形图可以发现，用户对于配送工具的合法化、可以进出写字楼及长续航能力有较高的期望值。对于价格便宜、折叠高效也比较重视。

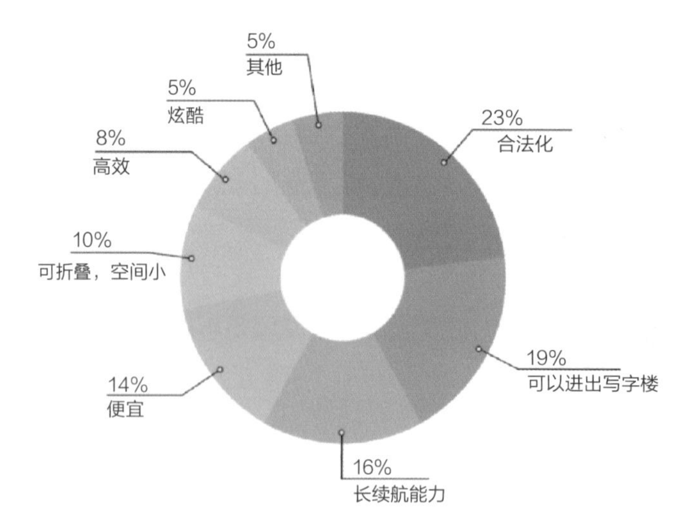

▲ 用户需求饼图

5. 使用环境分析

(1) 配送车使用范围有限

由于电动三轮车和电动自行车自身的局限性，所以在许多配送环境中的使用范围相对有限。在大部分城市中心商务区及居民区，配送交通工具无法进入电梯成为快递行业的一大难题。同时，这个问题也造成一系列安全隐患，许多快递员由于电动三轮车、电动自行车行动的局限性，上楼配送快递时将车和剩余货物留在楼下，导致电动自行车、电动三轮车被盗，丢失的财物均需快递员个人赔偿，这对大多数快递员来说是一个沉重的负担。

快递小哥人车分离忙送货1分钟后连车带货全被偷

"双11"后快递异常忙碌 昨日一位快递员疏忽中丢掉30多个包裹

快递小哥的车和货全被偷了 价值6000元全都得自己赔(图)

2015-03-30 01:29:00 来源 山西晚报(太原)

济南快递小哥一车快件被偷 挨个道歉赔钱(图)

2015-09-30 09:50 来源:齐鲁晚报　手机看新闻　半岛网　半岛都市报

快递小哥上12楼送货78件包裹连车几十秒内被盗

2015年01月29日 05:27

来源：中安在线　0人参与　0评论

快递车被偷 80多件快递丢失 损失估计2万以上

http://www.enorth.com.cn

来源：今晚报　作者：郭翰卿　2015-04-12 13:58:00　编辑：侯静

▲ 新闻报道截图

(2) 配送车的安全性

目前由于现有物流配送电动三轮车、电动自行车没有车辆牌照，且驾驶电动三轮车的大部分快递员未取得机动车驾驶证，快递用车给快递终端行业的安全性管理造成了极大的困难，在交通上存在很大的限制和隐患。据调查，每天全国各地由电动车所引发的事故频繁发生，且据各地统计的数据显示，事故发生率呈现不断上升的趋势。电动自行车事故在整个交通事故中占比为三到四成，其中电动三轮车至少占一成。据某市统计结果显示，2008 年以来，该市发生涉及电动车道路交通事故 8500 余起，造成 4473 人死亡（不包括每年 6000 余起轻微财产损失事故）。2014 年以来，该市发生涉及电动车交通事故 124 起，造成 6 人死亡，49 人受伤，直接财产损失达 116 万余元。

(3) 配送车的规范性与合法性

按照《机动车运行安全技术条件》的规定，电动三轮车属于机动车范畴，上路行驶时驾驶人需要到车管所登记，并取得机动车驾驶执照。当前在国内各大城市特别是主城区，按现有法规政策电动三轮车不允许上路，交通管理部门也不予上牌。国家邮政局发布的《快递专用电动三轮车技术要求》中，要求快递用三轮车的最高时速不得超过15公里，每辆车限乘一人，即按照法律规定，电动三轮车用于物流终端配送是存在法律限制的，始终处在不合法、不合规定的“灰色地带”。而由于现有的各类三轮车管理非强制执行标准，目前各类三轮车上路的混乱局面一时难以改变。

二、设计定位

根据上述的调研分析，结合市场需求找到问题的突出特点，将问题进行分解，然后再按其范畴进行分类，提炼出关键词。

设计关键词：便捷性、轻量化、安全性、绿色化、智能化

根据创新型物流车的发展趋势，定位这款配送车应体型轻便，容量适中，应机动灵活、安全环保、美观实用。符合城市物流的Small（轻便小巧）、Smart（机动灵活）、Special（专业化程度高）的“3S”特性。

目标市场：城市写字楼区域末端物流、外卖配送市场。最后一公里物流是配送的最后一个环节。实现“门到门”、按时按需地送货上门。随着支付系统的不断完善，电子商务企业之间的竞争，最终可能决定在物流的最后一公里上。

三、概念生成

进行设计定位之后，查找相关资料了解现有产品的技术与发展水平，利用功能分析、形态分析等方法来表达所需解决的设计问题。

设计定位：这种配送车属于小型轻便的运输车，所以先调查同类产品并分析其结构，分清主要功能与次要功能，提取可用功能部件，重新设计或改良。

市面上常见的小型物流运输工具为电动车，下面对电动车的主要功能部件进行分析。

电动车的主要功能部件分析

组件名称	组件用途	机能简介
充电器	给电池补充电能的装置	一般分为二阶段充电模式和三阶段充电模式
电池	提供电动车能量的随车能源	电动车主要采用铅酸电池组合
控制器	控制电机转速的部件，也是电动车电气系统的核心	具有欠电压、限流或过电流保护功能
转把、闸把、助力传感器	控制器的信号输入部件	转把信号是电动车刹车速度信号。闸把信号是当电动车刹车时，闸把内部电子电路输出给控制器的一个电信号；控制器接收到这个信号后，就会切断对电机的供电，从而实现断电刹车功能。助力传感器是当电动车处于助力状态时，检测骑行脚蹬力回脚蹬速度信号的装置。控制器根据电驱动功率，以达到人力与电力自动匹配，共同驱动电动车旋转
电机	将电池电能转换为机械能，驱动电动车轮旋转的部件	在电动车上使用的电机，其机械结构、转速范围与通电形式有许多种
灯具、仪表	提供照明并显示电动车状态的部件组合	仪表一般提供电池电压显示、整车速度显示、骑行状态显示、灯具状态显示等

四、概念评估

在产品目标功能的基础框架与满足这些功能所需的部件确立后，运用渔网模型法，得出产品的草图或初步概念设计。

对多家快递公司的快递员进行有针对性的调研，切实了解他们的实际需求。针对快递员抱怨的安全性、续航能力、成本、合法性、效率、进电梯等痛点进行了实际分析。通过小组的头脑风暴，团队认为婴儿车的设计有比较高的安全性与可靠性，于是参考婴儿车逐渐探索了一些比较成熟的设计方案。

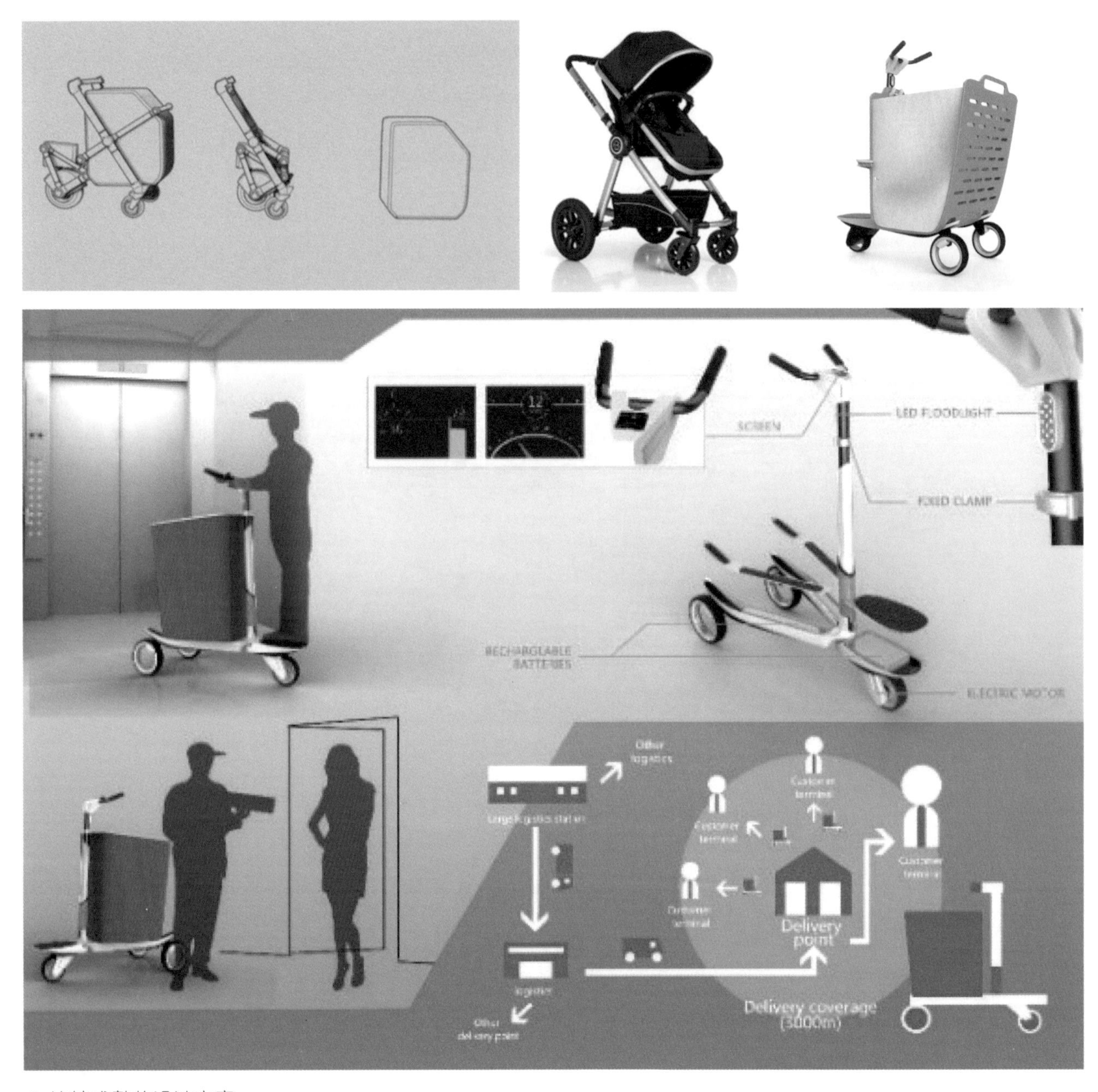
SCREEN
LED FLOODLIGHT
FIXED CLAMP
RECHARGLABLE
BATTERIES
ELECTRIC MOTOR
Other
logistics
Customer
terminal
Delivery
point
logistics
Other
delivery point
Delivery coverage
(3000m)

▲ 比较成熟的设计方案

五、设计表达

1. 草图

经过最初的研究分析，设计团队大概整理出了较为具体的配送车的框架思路，于是开始着手对第一代配送工具进行产品开发。

首先进行手绘设计并讨论其结构方面的优、缺点。下图是部分手绘设计图。

▲ 手绘设计图

经过多次讨论分析，综合考虑配送车的各项载货性能指标，决定采用“X”形车身结构，这种结构的优点是易折叠，使用轻便，工艺简单。

下面是设计团队一代配送车的手绘图稿。

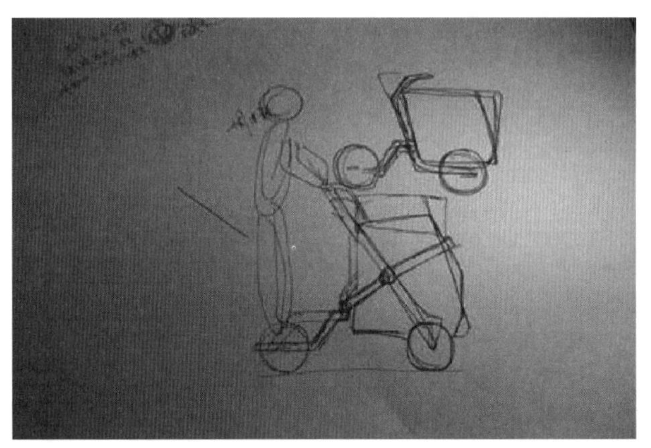
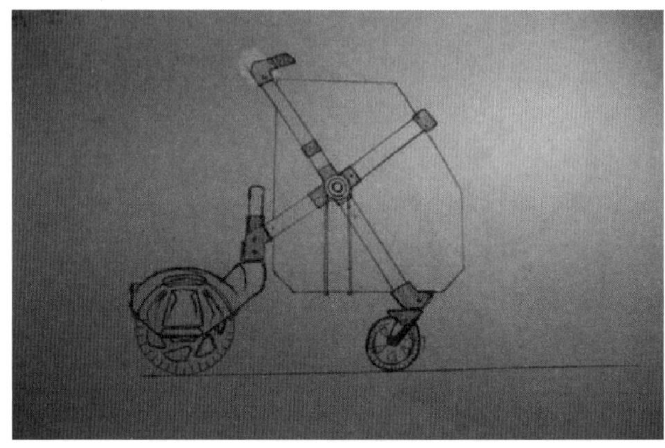

▲ 一代配送车的手绘图稿

2. 一代物流配送车效果图

在经过许多次修改，完成一份计算机辅助设计软件犀牛设计的模型后，制作了一代实体验证机，发现这种结构并不合理，并且存在诸多问题，最终被放弃。

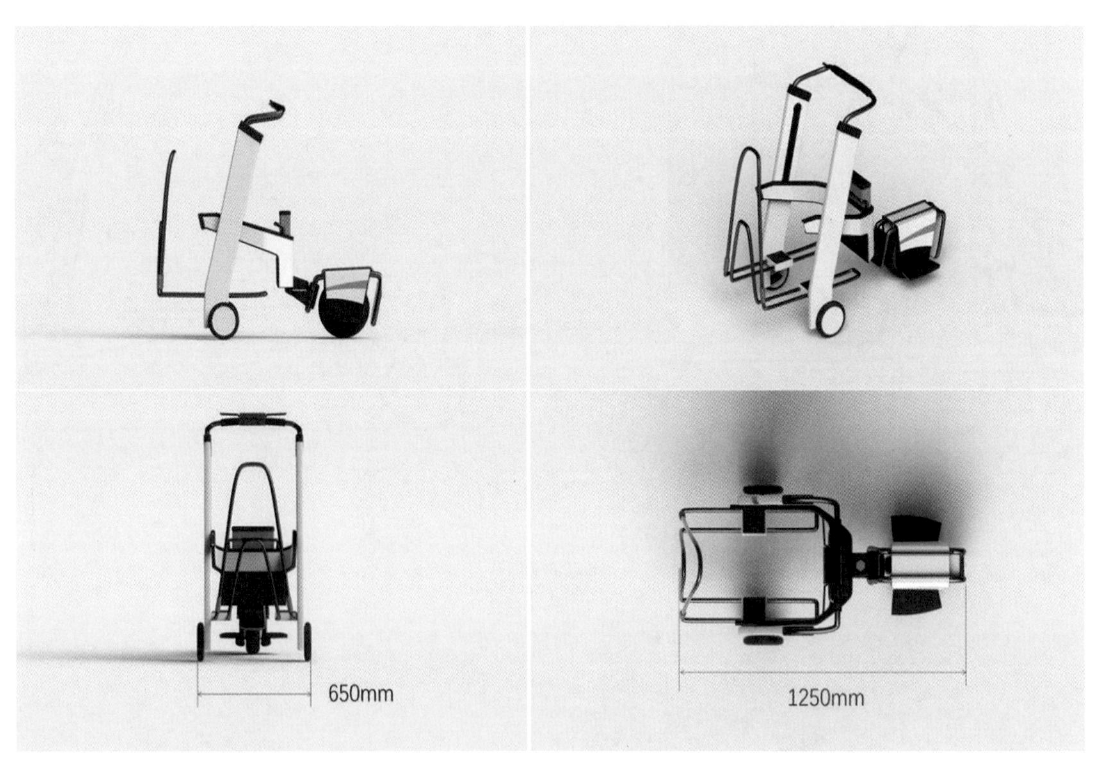

▲ 一代物流配送车效果图

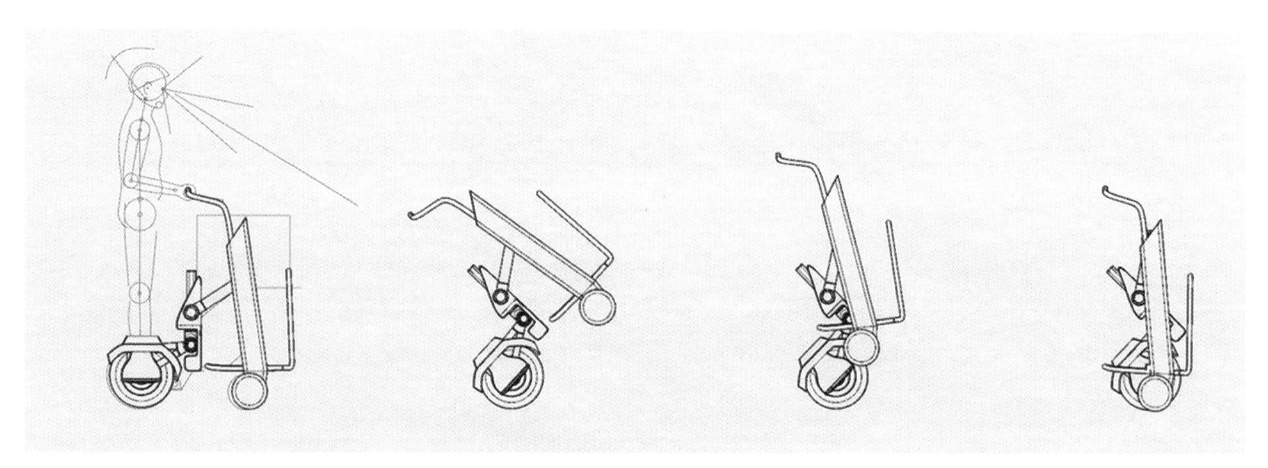

▲ 一代物流配送车效果图（续）

3. 一代物流配送车样机的制作

一代物流配送车样机采用铝合金型材构架的“X”形车身结构，多处采用三维打印构架，增加了强度且减轻了重量。下图是一代物流配送车样机的图片写真。

▲ 一代物流配送车样机的图片写真

4. 一代物流配送车的可行性测评

经过设计团队大量的路面测试，包括平路测试、爬坡测试、转弯测试、刹车测试、载货测试、砂砾路面通过性测试等，总结出一代物流配送车最主要的问题是动态稳定性差、操控性差。具体的表现是行驶方向不易控制、难以转向，行驶时会左右摇摆，容易侧翻。

针对这个问题，设计团队决定重新设计车身结构，采用经典的“T”形底盘结构。一代物流配送车的主要问题详见下表。

一代物流配送车的主要问题

	实际表现	预解决方案
问题 1	转弯角度过大时容易侧翻	设计全新“T”形底盘增加稳定性
问题 2	车身不稳，容易变形	使用钢管，增加车身刚度
问题 3	越障能力差，容易卡在路面凹坑中	前轮换大轮（加强避震效果和通过性）
问题 4	主转轴转动阻尼小，运行不稳定	轴承加入高黏度润滑脂
问题 5	动力车轮变形，碟刹蹭碟	更换外胎和换碟刹架
问题 6	动力部分过重，容易“翘头”	简化动力轮框架结构，使车身重心前移
问题 7	万向轮转向存在延迟	采用直轮结构
问题 8	爬坡能力不足	更换大功率电机
问题 9	踏板阻尼不足	加磁铁（或弹簧）
问题 10	不能折叠	重新设计折叠机构

5. 二代物流配送车样机的制作

由于一代机型的结构错误，导致对整个方案结构进行了重新设计。本次设计加大了轮胎尺寸，并且改良了折叠方案，让折叠变得更加简单轻松。电池和踏板都有了固定的位置，使物流配送车显得十分坚固。

6. 二代物流配送车样机可行性测试

在设计完一代物流配送车后，设计团队就进行功能样机的研发，多采用钢管结构来增加车身刚度和强度。设计团队将无缝钢管进行折弯加工，再进行焊接成形，作为小车的底盘。前桥使用 2060 欧标铝材，在保证其强度和韧性的情况下将重量减到最低。设计团队在物流配送车的转向框架上安装了折叠装置，使其实现折叠功能，方便储放，节省空间。

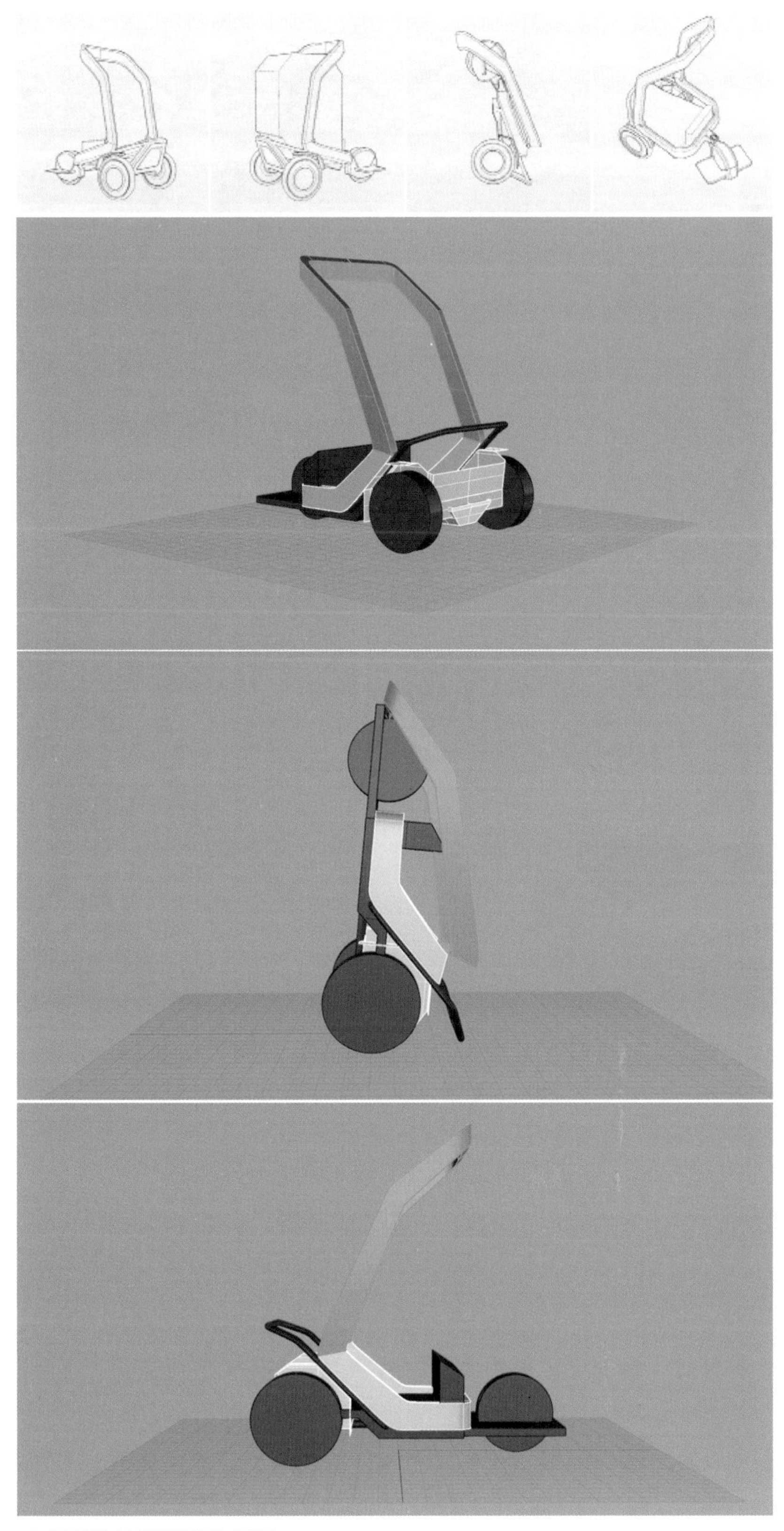

▲ 二代物流配送车效果图

▲ 二代物流配送车样机的写真

上图是二代物流配送车样机的写真。

二代物流配送车经过大量路面测试，在水平路段表现出良好的稳定性，同时转弯更易操作，最大转弯速度有所提升，不易侧倾翻车，转向稳定可靠，整车表现优良。

在爬坡测试时，对于大多数的小坡在载货状态下可以完全胜任，但较大的坡就得由驾驶者推着爬坡。续航方面，测出空载续航可达 30km。制动性能优良，在 15km/h 行驶状态下可以轻松制动停车。在多次测试后发现了一些不足之处，整理为下表。

二代物流配送车的主要问题

	实际表现	预解决方案
问题 1	整车质量大、惯性大，不便折叠	使用 6061 铝合金材料
问题 2	减震能力差，通过性差	设计悬挂提高路面适应性
问题 3	车身布局缺陷，电池应换个地方放	准备将电池放在载货托盘下方
问题 4	载货能力略显不足	优化车身尺寸
问题 5	续航能力有提升空间	加大电池容量
问题 6	前面防撞杠阻碍放货	设计为可以活动的或者可以拆卸的
问题 7	防水性能不好	给车体加装外壳
问题 8	路面积水时轮胎甩水	加挡泥瓦
问题 9	电池更换不易操作	设计快速拆装电池

7. 三代物流配送车样机的制作

根据二代物流配送车功能机总结出来的问题，设计团队进行研究分析，对物流配送车的细节进行完善，使之更接近于产品。在材料上多用 6061 铝合金管，关键部位使用钢材和铝材结合的方式来增加强度。这样改进后，整车质量大大减小，驾驶更加灵活。团队给小车前轮加装纵臂式独立悬挂，增加物流配送车的通过性和驾驶操控性。

考虑整体的防水性能，电池及充电接口采用自锁防水插头设计，同时电池采用模块化设计，可以实现快速更换。同时，加装了铝合金外壳、挡泥瓦等必要的部件。

▲ 三代物流配送车效果图

初步测试表明，三代物流配送车的续航能力大大增强，车辆的避震性能优越，过减速带时震动幅度小，同时舒适性也有很大的提升，操控性的提升在转弯时表现明显。

▲ 三代物流配送车样机的写真

第三章　情感交互产品设计

情感交互设计是产品内涵的一种体现，它是一种偏向于人机交互和界面交互的设计，强调用户体验和行为体验，使产品能够达到“由外而内，软硬兼施”的效果。未来工业产品设计将越来越多地着眼于促进使用者和设计者之间的交流，这也是其发展的趋势。一款优秀的交互产品设计，不仅需要满足用户对交互产品的基本功能需求，还应该有对用户心理需求和精神追求的尊重和满足。本章通过一款名为 Peti 的宠物智能硬件进行详细说明。

第一节 情感交互产品概述

一、情感交互产品设计概述

情感交互设计是产品内涵的一种体现，它是一种偏向于人机交互和界面交互的设计，强调用户体验和行为体验，使产品能够达到“由外而内，软硬兼施”的效果。正如美国设计师 Tucker Viemeister 所说的那样：“未来的产品设计将越来越少地关注产品外观，而会越来越多地着眼于促进使用者和设计者之间的交流。”这是未来工业产品设计的延伸与拓展，也是其发展趋势。

情感交互设计，又称互动设计，它作为一门关注交互体验的新学科，产生于 20 世纪 80 年代。简单地说，情感交互设计是研究人、产品、环境和系统（活动）的功能设计与情感体验设计，包括传达这种功能和情感体验的外形情感元素及内在操作体验交互行为，关注内容和内涵。从设计者的角度来说，情感交互设计是关于使用者行为的设计。从用户角度而言，情感交互设计在本质上就是关于开发易用、有效而且令人愉悦的交互式产品，其目的就是在设计过程中引入可用性，从而解决产品设计时对用户感受考虑欠缺的问题。

二、情感交互设计的追求目标

情感交互设计研究人与人、人与物（机）、人与环境的一系列关系，包括人机交互的功能性，行为交互的操作性，情感交互的体验性。情感化产品设计是建立在人性化设计之上的，它更强调从感性的角度理解产品对人的情感的影响，致力于设计出“打动人心”的产品。从情感化设计的角度探讨交互产品设计，让产品和人建立朋友般的感情。情感化设计的目的在于满足人们内在情感和精神的需要，在《情感化设计》一书中，唐纳德·A. 诺曼通过对心理学中有关情感的研究，提出了情感化设计的三种水平：本能水平设计、行为水平设计、反思水平设计。三者分别对应用户在使用产品过程中的感官刺激、操作行为、心理感受。情感交互设计不是简单的人机交互，不是界面设计或软件设计，也不单单是体验设计，人、机、界面是情感交互设计的平台与媒介。它是对行为的管理，是以行为交互和信息交流为基础，涵盖用户操作的全部过程，其核心是信息交流。所以，情感交互设计的最高层面就是情感交互。情感交互就是要赋予产品类似于人一样的观察、理解和生成各种情感特征的能力，最终使产品能够像人一样与用户进行自然、亲切、生动和富有情感的交互。情感交互设计提供给用户一个平台，让他们切身感受到这个产品是如何好用、易用。用户不仅仅可以从视觉、听觉、触觉、嗅觉等感官系统来感知，更重要的是精神愉悦等全方位的体验。情感交互设计追求的是继“可用性”到“易用性”后更高的设计目标，是一种人性化设计，一种更高形式的人文关怀。情感交互设计研究的是用户需求的变化，它也是设计理念的转变，目的是使设计为人服务。

三、情感交互产品市场分析

在物资匮乏的年代，人们主要注重产品的功能质量和价格。现在这个时代的物质极度丰富，产能已经过剩，人们不再只看重产品本身的使用价值，所以，那些只注重产品功能的企业注定要被淘汰。如果单看功能的话，几乎每个企业都可以满足消费者对产品的基本需求。所以人们也从追求产品功能逐渐转变到追求产品的精神体验。于是，产品设计也要从功能迈向情感体验。

现在，就全球范围而言，交互设计还处在学习阶段，交互设计软件级的研究还停留在可用性层面。交互设计作为一个前沿的工业设计领域，虽然进入中国市场的时间不长，但仍然引起了一定的关注。

四、情感交互产品设计要素

情感化设计的目标是在人格层面与用户建立关联，使用户在与产品互动的过程中产生积极正面的情绪。这种情绪会逐步使用户产生愉悦的记忆，从而更加乐于使用这种产品。另外，在正面情绪的作用下，用户会处于相对愉悦与放松的状态，这使得他们对于使用过程中遇到的小困难与细节问题的容忍能力也变得更强。

情感化设计大致由以下这些关键性的要素所组成，我们可以从这些关键点出发，在产品中融入更多的正面情感元素。诚然，用户最终产生的反应还取决于他们各自的生活背景、知识技能等方面的因素，但是我们所抽象出的这些组成要素是具有普遍适用性的。

① 积极性。

② 惊喜：提供一些用户想不到的东西。

③ 独特性：与其他的同类产品形成差异化。

④ 注意力：提供鼓励、引导与帮助。

⑤ 吸引力：在某些方面有吸引力的人总是受欢迎的，产品也一样。

⑥ 建立预期：向用户透露一些接下来将要发生的事情。

⑦ 专享：向某个群体的用户提供一些额外的东西。

⑧ 响应性：对用户的行为进行积极的响应。

第二节 情感交互产品设计趋势

虽然我国对交互设计的情感化研究才刚刚起步，但自2010年以来，对交互设计的用户体验研究已经有了一定的深度和广度，在引进的交互理论的基础上创新，并逐渐深入情感化设计研究。在数字时代，产品的交互行为应该是软、硬件相结合的，多感官、多维度、多通道和智能化，是交互行为的自然化趋势。未来的产品交互设计中，交互只是形式，情感体验才是目的。

一、“可穿戴式设备”与APP

【“可穿戴设备”与APP】

“可穿戴式设备”通过APP软件支持及数据交互、云端交互来实现强大的功能，探索人与科技之间全新的交互方式，为每个人提供专属的、个性化的服务。把用户一方的情绪、情感和心理需求作为重要设计因素加以考量，使用户在交互开始、过程中、结束之后，始终拥有良好的情绪和思考，有着愉快、积极、丰富的情感体验，直至产生某种情感上的强烈共鸣，从而维持某种特有的思考和行为方式，甚至对产品或服务产生某种文化心理上的长期信赖和依恋，使得用户在使用“穿戴式设备”时真正享受到它带来的便利与快捷。

二、能勾起回忆的产品

无印良品的一款壁挂式CD播放机把早已淘汰掉的排风扇的操作方式与CD播放器相结合，拉动拉绳，音乐就好像微风徐徐吹来，让用户产生一种自然的、怀旧的情感体验。

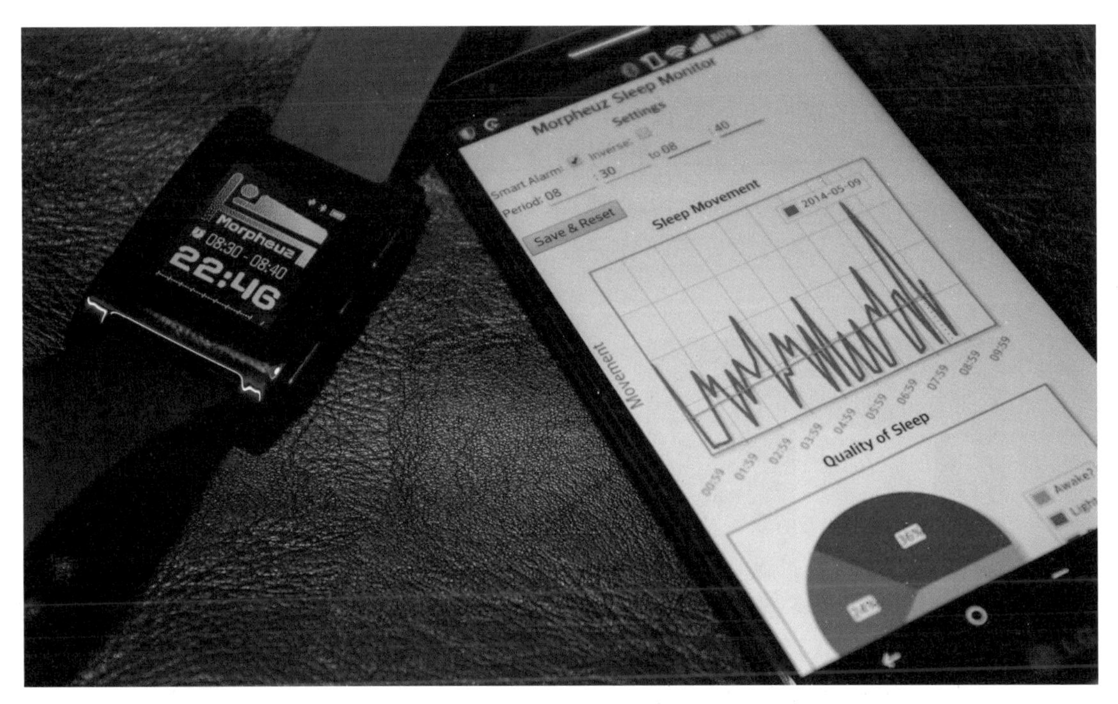

▲ 可穿戴式设备

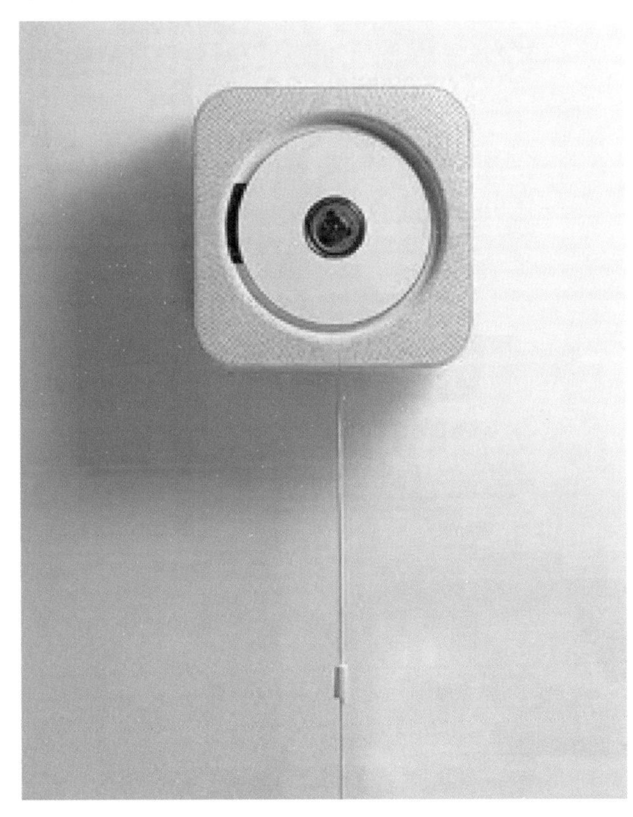

▲ 无印良品的壁挂式 CD 播放机

三、移动应用交互产品

一款由 Takuto Onishi 开发的 iOS 应用程序“twika^o^”，可以帮用户把人物面部真实表情转化成“kaomoji”，即文字符号表情。打开应用，用户可以通过该应用读取自己或朋友的照片，或者干脆通过手机直接拍摄一张面部特写照片，接下来就能实时转化为有趣的颜文字表情，再通过电子邮件、微信等发送给朋友。

四、不断变化的视觉体验

【不断变化的视觉体验】

下图所示的咖啡杯让喝咖啡的过程充满了情趣，随着杯中水位的下降，使用者会看到咖啡杯外壁的图案在不断变化。作为办公桌上必不可少的物品，造型可爱是绝对不够的，多一点点过程的体验和对结果的期待，往往能让好心情不断延续。

"Here you go,a nice cup of coffee"
"The more you drink,it gets near to my heart"
"And now,I hope you've discovered my true love"

▲ 可变化的咖啡杯

第三节 情感交互产品设计程序与方法

一、设计目标

为了让客户在使用产品的过程中产生愉悦感和信赖感，情感化设计采用一种针对预定的情感需求进行产品设计的系统化方式。

① 确定产品合适的情感效应。
② 搜集达到该情感效应所需的相关用户信息。
③ 设想能唤起预期情感效应的产品设计概念。
④ 测量该设计概念满足了多少预期的情感。

这些方式主要区分了设计过程中需要考虑的不同层面的情感需求。“刺激因素”和“关注点”是两个关键变量。产品可以从三方面对用户进行情感刺激：物体、活动和身份。与此相关的三个用户关注点为目标、标准和态度。

二、设计程序与方法

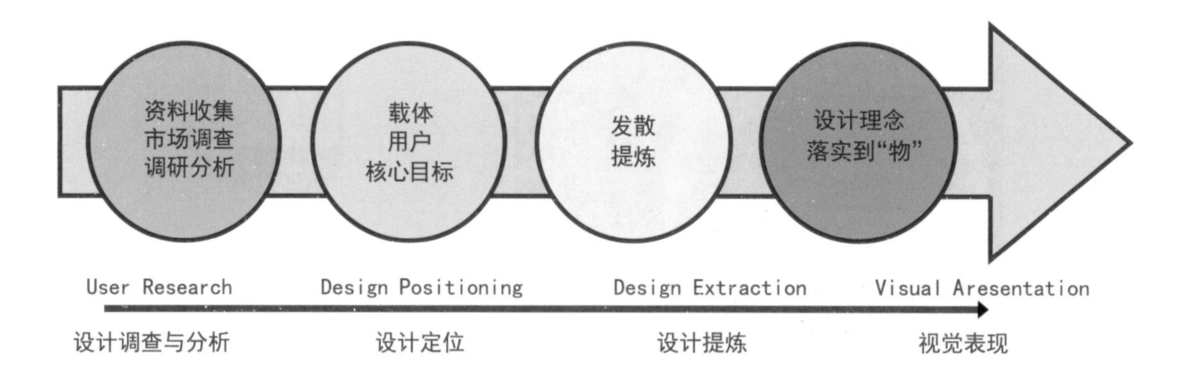

1. 设计调查与分析

通过资料收集和市场调查等多方面的渠道，针对所要设计的产品对象进行全方位的调研，分析目前市场上同类产品的不足及存在的问题，从而找到设计任务的切入点。

(1) 用户观察

确定产品内容、对象及地点（即全部情景）。在毫不干预的情景下对用户进行观察或者通过问答的形式实现。在真实环境中或实验室设定的场景中观察用户对产品的反应，采用视频拍摄、拍照片或笔记的方式来记录，然后进行统一的定性分析，全方位地分析用户行为，最终转化为设计语言。

用户访谈主要应用于开发消费者已知的产品或服务。访谈能深入洞察特殊的现象、特定的情境、特定的问题、常见的习惯、极端情形和消费者偏好等。访谈应注意的事项如下。

▲ 用户访谈

① 制定访谈指南，涵盖与研究问题相关的话题清单。
② 邀请合适的采访对象。
③ 依据项目的具体目标选择 3 ～ 8 名被采访者。
④ 实施访谈的时长通常为 1 小时左右，访谈过程中需要进行录音记录。
⑤ 记录访谈对话的具体内容，总结访谈笔记。

▲ 问卷调查

（2）问卷调查

问卷调查是一种运用一系列问题及其他提示从受访者处收集所需信息的方法。问卷调查能帮助设计师获取用户认知、意见、行为发生频率及消费者对某一产品或服务的设计概念感兴趣的程度，从而帮助设计师确定对产品或服务最感兴趣的目标用户群。

问卷调查应注意的事项如下。
① 依据项目的研究问题为基础确定问卷调查的话题。
② 选择每个问题的回答方式，如封闭式、开放式或分类式。
③ 合理、清晰地设置问卷中问题的先后顺序并归类。
④ 测试并改进问卷，问卷的质量决定了最终结果是否有用。
⑤ 建议使用问卷之前，先自行斟酌问卷结构。
⑥ 依据不同的话题邀请合适的调查对象，随机取样或者有目的地选择调查对象。
⑦ 运用数据展示调查结果，以及被测试问题与变量之间的关系。

问卷调查结果可以为设计师提供目标用户的相关信息，并有助于找到设计项目中需要重点关注的地方。

（3）焦点小组

焦点小组方法采取的是集体访谈的形式，用于讨论某种产品或设计问题相关的话题。访谈的参与者主要集中于被开发产品或服务的目标用户群。首先列出一组需要讨论的问题（即讨论指南），包括抽象话题和具体的话题。模拟一次焦点小组讨论，测试并改进制定的讨论指南。从目标用户群中筛选并邀请参与者，进行焦点小组讨论。每次讨论 1.5 ～ 2 小时，需对过程进行录像以便于日后分析调用。分析并汇报焦点小组的发现，展示重要观点，并呈现与每个具体话题相关的信息。焦点小组法能快速找出消费者对某一问题的大致观点，以及背后的深层次意义和目标消费群的真实需求。

▲ 焦点小组

2. 设计定位

分析产品对象的载体（产品关于什么）、用户（给谁设计）、核心（要解决什么问题）、目标（想要创造什么样的体验）。

（1）趋势分析法

趋势分析法能帮助设计师辨析用户需求和商业机会，从而为进一步制定商业战略设计目标提供依据，也能催生新的创意。尽可能多地列出各种趋势，使用一个分析清单帮助整理相关的问题和答案 [如 DEPEST 清单：D= 人口统计学（Demographic）；E= 生态学（Ecological）；P= 政治学（Political）；E= 经济学（Economic）；S= 社会学（Social）；T= 科技（Technological）]。过滤相似的趋势可将各种趋势按照不同等级进行分类，辨析这些趋势是否有相关性，并找到它们之间的联系。将趋势信息置入趋势金字塔中。依据 DEPEST 等趋势分析清单设定多个趋势金字塔。基于趋势分析，确定有意思的新产品或服务研发方向，也可以将不同的趋势进行组合，观察是否会激发新的设计灵感。分析所得趋势报告不仅能激发灵感，还能帮助设计师认清推出新产品所面临的风险和挑战。

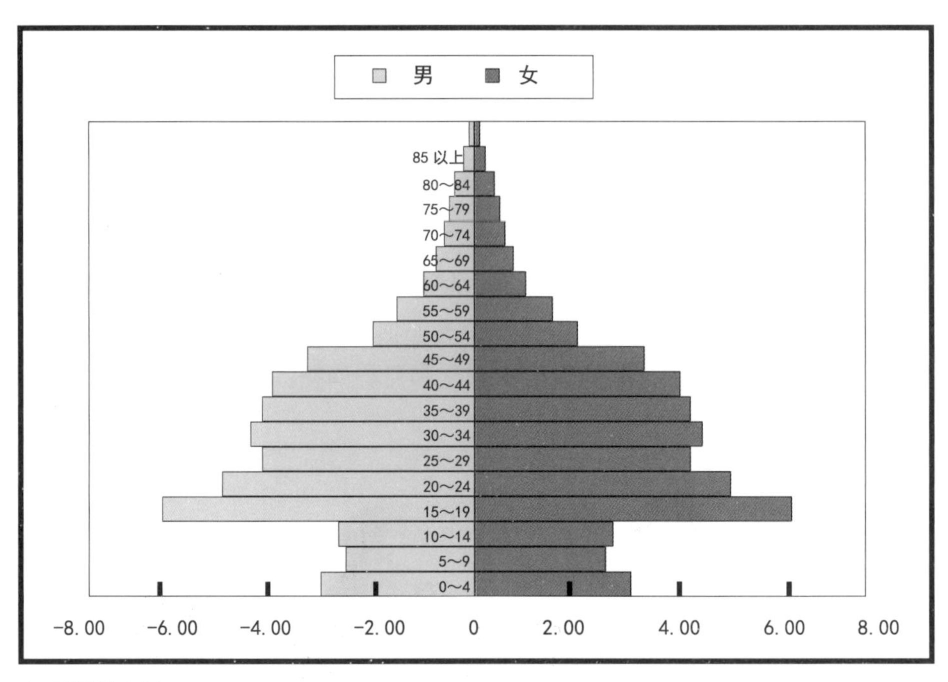

▲ 趋势分析法

（2）思维导图法

思维导图法是一种视觉表达形式，展示了围绕同一主题的发散性思维与创意之间的相互联系。设计师可以通过思维导图将所有与主题相关的因素和想法视觉化，将对主题的分析清晰地结构化。首先，将主题的名称或描述写在空白纸的中央，并将其圈起来；其次，对该主题进行头脑风暴，绘制从中心向外发散的线条，并将自己的想法置于不同的主干上，再根据需要在主线上增加分支；最后，用不同颜色标记几条思维主干，用圆形标记关键词语或者出现频率较高的想法，用线条连接相似的想法。研究思维导图，可以从中找出各种想法之间的关系，并提出解决方案。

（3）功能分析法

功能分析法即对现有产品或概念产品的功能结构进行分析。它可以帮助设计师分析产品的预定功能，并将功能和与之相关的各个零件（也称为产品的“器官”）相联系。产品功能是“产品应该做什么”的抽象表达。设计师需将产品或设计概念通过功能和子功能的形式进行描述，产品被视为一个包含主功能及其子功能的科技物理系统。面对复杂的产品，设计师需要整理产品功能结构图。整理产品功能结构图时可以遵循以下三项原则：按时间顺序排列所有功能，联系各个功能所需输入和输出，将功能按不同等级进行归纳；整理并描绘功能结构，补充添加一些容易被忽视的“辅助”功能，推测功能结构的各种变化，最终选定最佳的功能结构；功能结构的变化可以依据产品系统界限的改变、子功能顺序的改变、拆分或合并其中的某些功能。

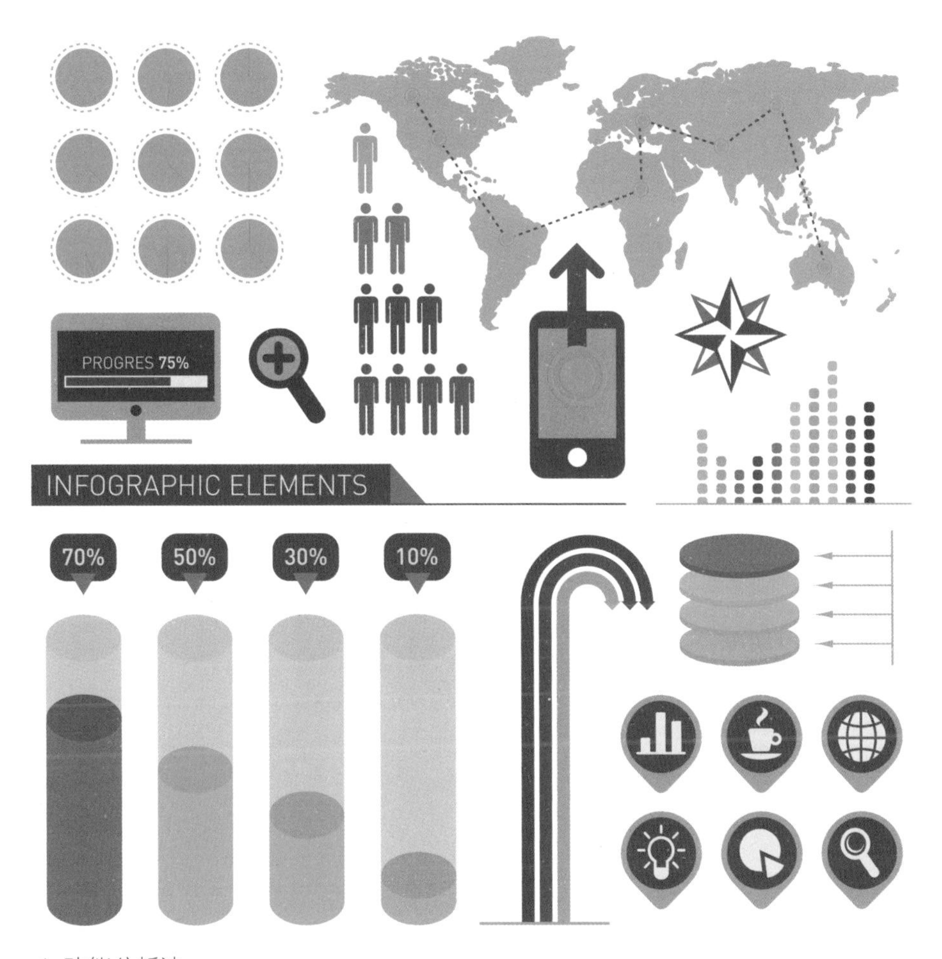

▲ 功能分析法

（4）SWOT 分析

SWOT 分析法能帮助设计师系统地分析出企业运营业务在市场中的战略位置，并依此制订战略性的营销计划。营销计划的主要作用是为新产品研发决定方向。SWOT 是 Strengths 优势、Weaknesses 劣势、Opportunities 机会、Threats 威胁这 4 个单词首字母的缩写。前两者代表产品内部因素，后两者代表外部因素，它们可以从整体上确定商业竞争环境范围。问一问自己：我们的产品属于什么行业？当前市场环境的总体趋势是什么？人们的需求是什么？人们对当前产品有什么不满？什么是当下最流行的社会文化和经济趋势？竞争对手正在做什么，计划做什么？结合供应商、经销商及学术机构分析整个产业链的发展趋势。列出产品的优势和劣势清单，并对照竞争对手产品进行逐条评估。将精力主要集中在产品自身的竞争优势及核心竞争力上，不要太过于关注自身劣势。将 SWOT 分析所得结果清晰地总结在 SWOT 表格中，与团队成员和其他利益相关者交流。

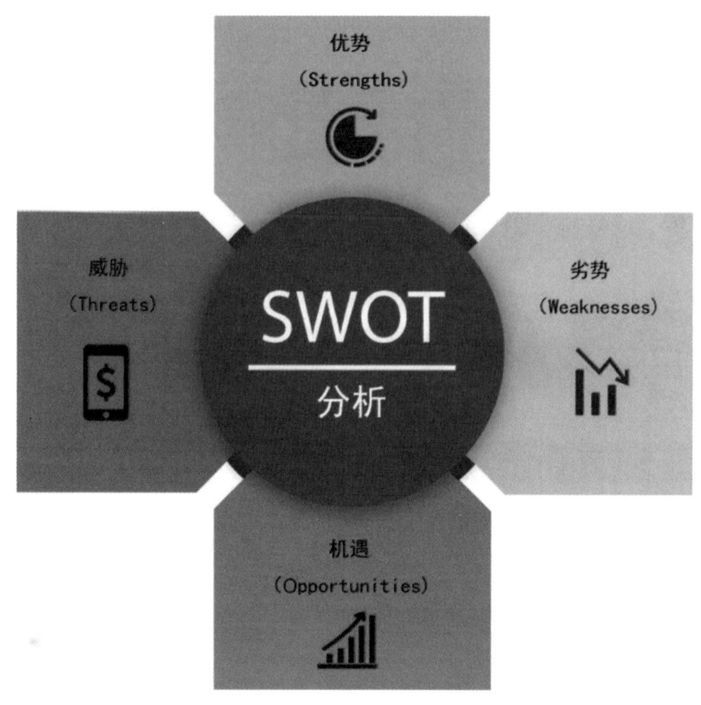

▲ SWOT 分析法

(5) 搜寻领域法

搜寻领域法可以帮助设计师在开发新产品创意时找到市场机会，通常在 SWOT 分析结果的基础上运用这种方法进行综合整理。将 SWOT 分析所得的结果作为起点，再将它们放

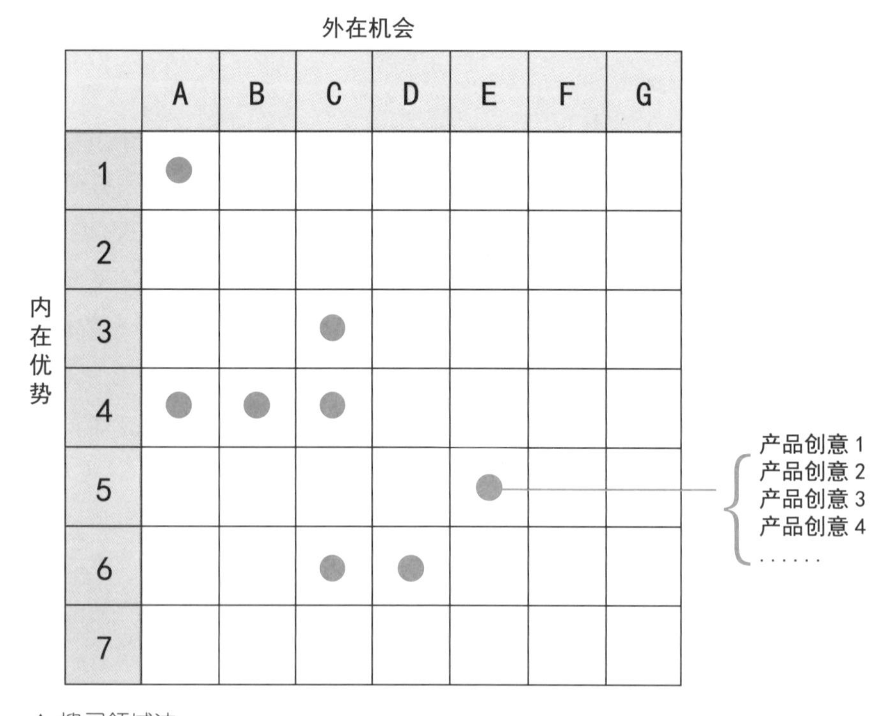

▲ 搜寻领域法

在一个矩阵中寻找可能的关联。结合企业内在优势或外在环境中的机会，通过发散性思维创造出大量（20 ～ 60 个）搜寻领域。依据选择标准（如最新、最原创的领域或能增长市场份额的领域）对通过发散性思维得出的领域进行筛选，最终得出有价值的搜寻领域。进行一次用户情境或使用情境研究，检测各搜寻领域的可行性，并将这些搜寻领域归纳为设计大纲。然后，依据设计大纲中的每个搜寻领域生成不同的产品创意。

3. 设计提炼

不要先入为主，避免一开始就从产品对象着手进行分析；思考产品用途发生的动作，以思考“动作”的方式，从情感化的角度和交互的角度找出关于这个“动作”的所有外围产品，然后以扩展法（从功能、情感、行为、体验等方面进行思维扩展）演绎设计创新思路，接着再进行收敛，找出能够反映设计定位的关键词。

（1）拼贴画

拼贴画是一种展示产品使用情境、产品用户群或产品品类的视觉表现方法。它可以帮助设计师完善视觉化设计的标准，并与项目其他利益相关者沟通该设计标准。选择最合适的材料，二维和三维的材料都可以。凭直觉尽可能多地收集原始视觉素材。根据所关注的目标用户群、使用环境、使用方式、用户行为、产品类别、颜色、材料等因素，将视觉素材进行分类。决定背景的功能和意义：构图定位、水平或垂直定位、背景的颜色、肌理及尺寸。预先在草图上找到合适的构图，此时需要着重关注坐标轴与参考线的位置。思考图层

▲ 拼贴画

的先后顺序、图片大小及图片与背景的关系。按照自己的构图意愿绘制一幅临时拼贴画。检查全图，确定该图是否已经呈现出了大部分所需要表达的特征。最后进行正式的拼贴。

（2）人物角色

人物角色又称“人物志”，用于分析目标用户的原型，描述并勾画出用户行为、价值观及需求。人物角色有助于设计师在项目中体会并交流现实生活中用户的行为、价值观和需求。大量收集与目标用户相关的信息。筛选出最能代表目标用户群且与项目相关的用户特征。创建 3 ～ 5 个人物角色，分别为每一个人物角色命名。尽量用一张纸或其他媒介表现一个人物角色，确保概括得体、清晰到位。运用文字和人物图片表现人物角色及其背景信息，在此可以引用用户调研中的用户语录。添加个人信息，如年龄、教育背景、工作、种族特征、宗教信仰和家庭状况等。将每个人物角色的主要责任和生活目标都包含在其中。

Harvey

- 52 Years Old
- University Professor of English
- Lives in England
- Married 25 years old
- 3 Children(2 in colleage)
- His son,Tommy is 26 years old and has down syndrome.

Harvey and his wife both work full time.They each make 5 figure incomes that allow them to travel during the holiday with his wife and three kids.

Harvey uses the web to check emails and plan holiday trips.Sometimes he uses it to look for local events and ways to help Tommy.

▲ 人物角色

（3）故事板

故事板以故事情节来形象生动地表现所要设计产品的应用原理和使用场景。故事板所呈现的是极富感染力的视觉素材，因此它能使读者对完整的故事情节一目了然：用户与产品的交互发生在何时何地、用户和产品在交互过程中发生了什么行为、产品是如何使用的、产品的工作状态、用户的生活方式、用户使用产品的动机和目的等信息，皆可通过故事板清晰地呈现。设计师可以在故事板上添加文字辅助说明，运用故事板进行思维发散，以生成新的设计概念。

先确定创意，模拟使用情景及一个用户角色，选定一个故事和想要表达的信息，简化故事，简明扼要地传递一个清晰的信息。然后绘制故事大纲草图，先确定时间轴，再添加其他细节，若需要强调某些重要信息，则可采取变化图片尺寸、留白空间、构图框架或添加注释等方式体现。绘制完整的故事板，为图片添加简短的注释，表达要有层次。

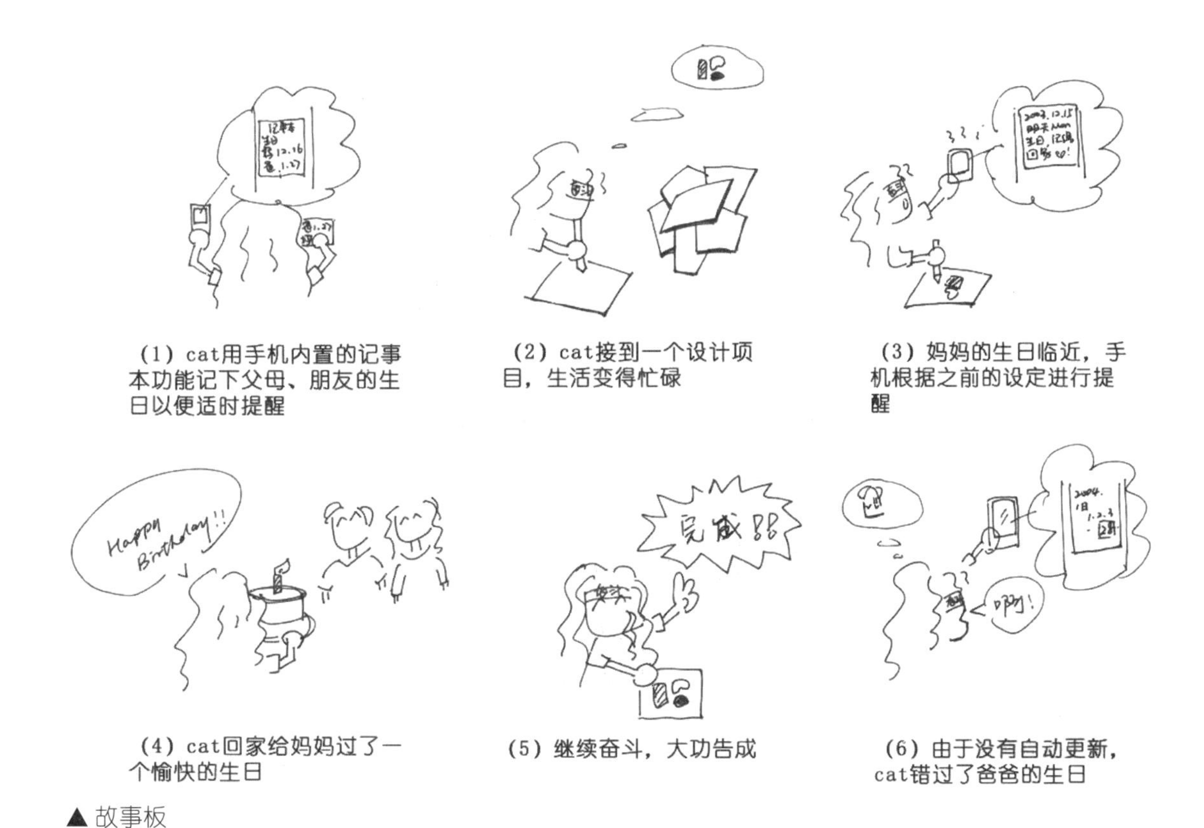

▲ 故事板

（4）场景描述法

场景描述法也称情境故事法或使用情景法。场景描述以故事的形式讲述目标用户在特定环境中使用产品的情形。根据不同的设计目的，故事的内容可以是现有产品与用户之间的交互方式，也可以是未来场景中不同的交互可能。确定场景描述的目的，明确场景描述的数量及篇幅，选定特定的人物角色或目标用户，以及他们需要达成的主要目标。每个人物在场景描述中都扮演一个特定的角色。构思场景描述的写作风格，例如，是采取平铺直叙，还是动态戏剧化的描述方式。为每篇场景描述拟定一个有启发性的标题；巧妙利用角色之间的对话，使场景描述内容更加栩栩如生；为场景描述设定一个起始点，触发该场景的起因或事件。

▲ 场景描述法

（5）问题界定

设计的过程也被普遍认为是解决问题的过程。在解决问题之前，回答以下问题，可以帮助设计师界定设计问题。

① 主要问题是什么？
② 谁遇到了问题？
③ 与当前环境相关的因素有哪些？
④ 问题遭遇者的主要目标是什么？
⑤ 需要避免当前情境下的哪些负面因素？
⑥ 当前情境中的哪些行为是值得采纳的？

将所得到的结果整理成条理清晰的文字，形成设计问题。其中需包含对未来目标情境的清晰描述，以及可能产生设计概念的方向。对问题的清晰界定有助于设计师、客户及其他利益相关者进行更有效的交流与沟通。

（6）头脑风暴法

头脑风暴法是一种激发参与者产生大量创意的有效途径，是众多创造性思考方法中的一种，该方法的假设前提为数量成就质量。在头脑风暴法中，参与者必须遵守活动规则与程序。头脑风暴法的原则：延迟评判，在进行头脑风暴时，每位成员都尽量不考虑实用性、重要性、可行性等因素，尽量不要对不同的想法提出异议或批评。该原则可以确保最后能产生大量不可预计的新创意，也能确保每位参与者不会觉得自己受到了侵犯，

▲ 头脑风暴法示意图

或者觉得他的建议受到了过多的束缚。头脑风暴法鼓励“随心所欲”，可以提出任何想法——“内容越广越好”。

必须营造一个让参与者感到舒心与安全的氛围；鼓励参与者对他人提出的想法进行补充与改进。尽量以其他参与者的想法为基础，提出更好的想法。在头脑风暴法中，要求参与者以极快的节奏抛出大量的想法，所以参与者很少有机会挑剔别人的想法。定义问题，从问题出发进行发散思维，将所有创意列在一个清单中，针对得出的创意进行评估并归类，选择最令人满意的创意或创意组合。

（7）奔驰法

奔驰法是一种辅助创新思维的方法，主要通过以下 7 种思维启发方式在实际中辅助创新。

① 替代（Substitute）：创意或概念中哪些内容可以被替代以便改进产品？哪些材料或资源可以被替换或互相置换？运用哪些产品或流程可以达到相同的目的？

② 结合（Combine）：哪些元素需要结合在一起，以便进一步改善该创意或概念？试想一下，如果将该产品与其他产品结合，会得到怎样的新产物？如果将不同的设计目的或目标结合在一起，会产生怎样的新思路？

③ 调试（Adapt）：创意或概念中的哪些元素可以进行调整改良？如何能将此产品进行调整，以满足另一个目的或应用？还有什么与产品类似的东西可以进行调整？

④ 修改（Modify）：如何修改创意或概念，以便进行下一步改进？如何修改现阶段产品的形状、外观或给用户的感受等？如果将该产品的尺寸放大或缩小，会有怎样的效果？

⑤ 其他用途（Put to Another Use）：该创意或概念如何开发出其他用途？是否能将该创意或概念用到其他场合，或其他行业？在另一个不同的情境中，该产品的行为方式是怎样的？是否能将该产品的废料回收利用，创造一些新的东西？

⑥ 消除（Eliminate）：已有创意或概念中的哪些方面可以去掉？如何简化现有的创意或概念？哪些特征、部件或规范可以省略？

⑦ 反向（Reverse）：试想一下，与你的创意或概念完全相反的情况是怎样的？如果将产品的使用顺序颠倒过来，或改变其中的顺序，会得出怎样的结果？试想一下，如果你做了一个与现阶段创意或概念完全相反的设计，结果会怎样？

4. 视觉表现

设计理念具体落实到“物”，以“物”为载体，建立一系列交互关系。

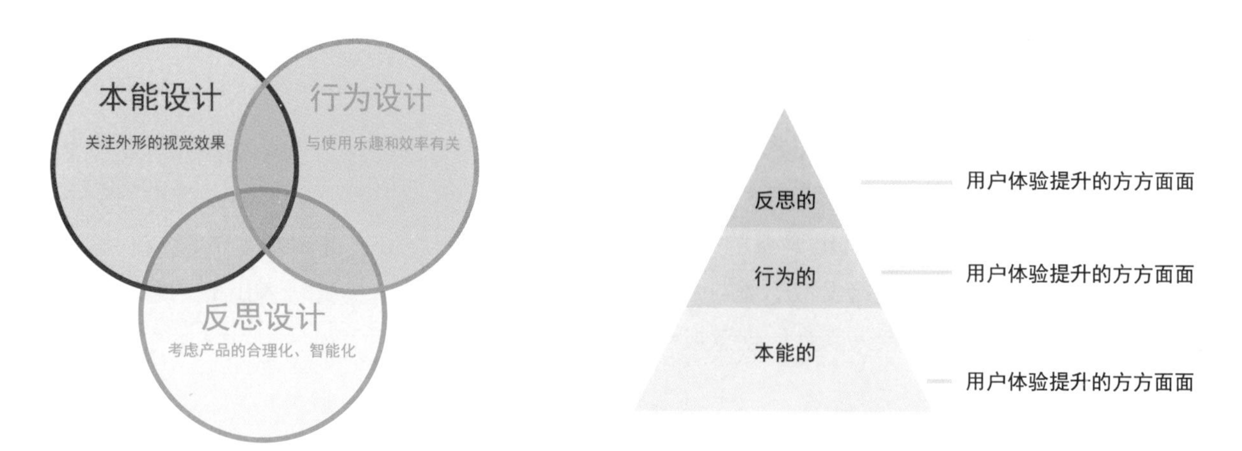

● 本能的、行为的和反思的这三个不同维度，在任何实际中都是相互交织的
● 要注意如何将这三个不同维度的认知和情感相互交织

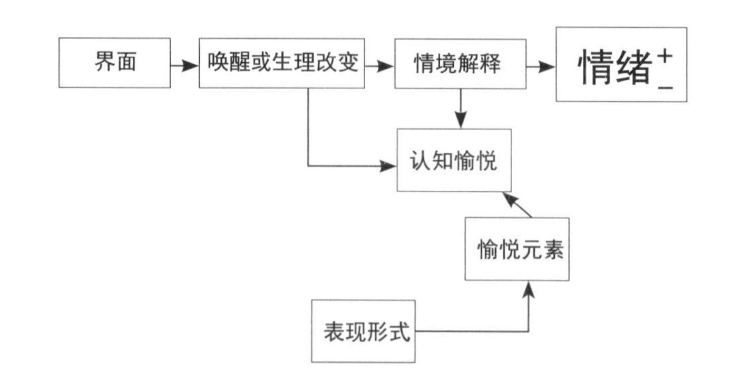

▲ 视觉表现

（1）交互方式与情感表达

简洁易懂地叙述该产品的交互流程。通过有效的手段展示设计概念，观察用户在现实中的使用情况。观察用户的感知能力（使用中，用户是否能接收到或自己发现使用线索）、认知能力（他们如何理解这些线索），以及这些能力如何帮他们达到目的。观察有意或无意的使用情况。

产品形态的情感化：形态一般是指形象、形式和形状，可以理解为产品外观的表情因素。在这里，更倾向于理解为产品的内在特质和视觉感官的结合。随着科技的发展，产品的功能不仅指使用功能，还包含了其审美功能、文化功能等。设计师利用产品的特有形态来表达产品的不同美学特征及价值取向，让使用者从内心情感上与产品产生共鸣。让产品形态激发消费者的情感需求。漂亮的外形、精美的界面不仅能提升产品的外在魅力，还可以最快的速度传达视觉方面的信息。视觉信息的传达要符合产品的特性、功能与使用环境、使用心理等。

产品操作的情感化：巧妙的使用方式会给人留下深刻的印象，在情感上越发喜欢这种构思巧妙的产品。这种巧妙的使用方式会给人们的生活带来愉悦感，从而排解来自不同方面的压力，所以受到用户的青睐。

产品特质的情感化：真正的设计是要打动人的，它可以传递感情、勾起回忆、给人惊喜。产品是生活的情感与记忆，只有在产品/服务和用户之间建立起情感的纽带，才能形成对品牌的认知，培养对品牌的忠诚度，使品牌成为情感的代表或者载体。

（2）原型展示及实物模型制作

通过计算机辅助工业设计软件建模、渲染来进行效果展示，并制作实物模型来测评该产品。三维模型在设计中主要体现在能激发并拓展创意和设计概念。通过搭建草模，设计师可以快速地看到早期创意，并将其改进为更好的创意或更详细的设计概念。这中间常有一个迭代的过程，即画草图、制作草模、草图改进、制作第二个版本的草模。在设计师团队中交流创意和设计概念，在创意概念末期制作虚拟样板模型，以便呈现和展示最终的设计概念，同时测试并验证创意、设计概念和解决方案的原理。概念测试原型的主要用途在于测试产品的特定技术原理在实际中的应用是否可行。

总之，一款优秀的交互产品设计不仅需要满足用户对交互产品的基本功能需求，还应该有对用户心理需求和精神追求的尊重和满足。目前，交互产品设计还处于发展的初级阶段，还将面临各式各样的挑战，要想在这样的交互环境下为用户带来良好的体验感受，就需要从交互产品的情感角度出发，设计出具有个性、情趣和情感的产品，让用户操控起来更加自然、方便、富有乐趣，为用户带来美好的体验感受。通过情感化设计下的交互产品设计应用探究，将情感化设计运用于交互产品设计中并探索一些可行的设计程序和方法，充实和发展工业产品设计在未来的新思路和新走向。

▲ 原型展示及实物模型制作

【原型展示及实物模型制作】

第四节　情感交互产品设计案例分析

一、宠物智能产品概述

随着社会经济的发展和城市化进程的加速，人们精神生活与物质生活的不断改善，社会老龄化步伐加快，人们的休闲、消费和情感寄托方式也呈多样化发展，宠物已经走入寻常百姓家。宠物需求数量的日益增多，促使一个新兴的产业——宠物产业逐渐浮出水面。

宠物是人类的朋友，随着人民生活水平的提高，宠物数量也逐渐增多，根据《2015 中国宠物主人消费行为报告》显示，中国的宠物数量已经超一亿，宠物数量巨大，“爱宠人士”主要以“80 后”“90 后”为主，这个群体喜欢接触新鲜事物，也是中国互联网产品的主要受众人群。萌宠成为人们生活欢乐的重要来源之一，各种为萌宠设计的智能硬件也如雨后春笋般涌现。国外宠物市场较中国成熟，Whistle、Petnet、FitBark 等 StartUp 公司都在崛起中，中国也有海尔、Petkit、赛果、小玄等厂商崭露头角。

目前市场上的这类智能硬件不但有智能项圈、智能防丢、运动追踪、智能玩具，甚至出现了狗语翻译机，可谓层出不穷。产品需求方面，大部分宠物智能硬件都向防丢、追踪、健康监测这些刚性需求方向发展，如 Whistle、Petkit，其余的则比较讨巧，如记录、逗猫、护理、运动等。

▲ 2014 年 Petnet 上市首款产品，连接至“物联网”的宠物喂食器 Smartfeeder。该公司表示，Smartfeeder 集成了“智能传感器技术、学习算法和处理能力，从而能评估宠物的饮食要求，在宠物需要进食时提醒主人，甚至在食物不够时也会提醒主人去购买”。

▲ 海尔智能项圈，拥有儿童版智能手表的全部功能，其 SOS 功能被设计用来让路人在宠物走失等情况下联系宠物主人，并且可以通过内置的话筒和扬声器进行通话。同样，内置的话筒和扬声器也可以帮助主人和宠物沟通。

【宠物智能产品概述】

二、宠物智能产品市场分析

2018 年中国宠物行业的规模约 1700 亿元，已超过中国电影总票房。近几年，中国宠物市场还保持着 30% 左右的年增长速度，根据有关数据显示，人均 GDP 3000 美元是宠物行业的爆发拐点，而目前，中国的人均 GDP 接近 9253 美元。

美国约有 62% 的家庭养宠物，英国约 43%，日本约 28%，在发达国家宠物数量比小孩多。2018 年中国一线城市养宠物家庭比例已经达到 12%，35 岁以下宠物主人占到 70% 以上。据相关数据显示，从城市拥有宠物犬的家庭占总数的比例来看，北京养犬比例为 15%、上海为 9.6%，全国仅为 6%，而美国家庭养犬比例为 55%、日本为 29.4%，美国、日本的宠物（犬和猫）商品市场销售总额也往往超越我国。另据相关专家预测，2020 年将是我国宠物行业的“井喷”年，宠物行业将迎来高速发展阶段。

由此可以看出，中国宠物行业具有广阔的市场前景。但截至目前，我国宠物行业仅发展了十多年，与国外差距甚远。随着宠物社区、宠物电商的普及，中国宠物市场的年轻化，催生了宠物智能硬件诞生的环境，到目前为止，不论是国内还是国外，都尚未出现宠物智能硬件的明星产品。海尔曾在MWC上推出了自家首款宠物智能项圈，虽然其外观遭到了很多人的吐槽，但行业大佬的注目也说明了中国宠物可穿戴设备的市场空间很大。

根据美国宠物产品协会的数据，2014年美国人民在宠物身上花费了约585亿美元，因此各家都希望在这个市场分一块蛋糕。由于行业发展远未成熟，宠物健康监测、美容、追踪、宠物社区在国内仍是一个潜力巨大的市场，这也是许多产品都想最终染指的地方，只是切入点不一罢了。对于已有技术积累的可穿戴设备厂商来说，发力宠物市场是一个机遇。

总的来说，宠物智能硬件的发展前景看好。

三、宠物智能产品设计趋势

目前宠物智能产品市场同质化严重，设计灵感基本上是基于产品进行创造，形式与功能过于单一，不能满足消费者的需求。需要设计师做的就是在同类产品的基础上拓展设计思路，以宠物的生活场景为切入点，着重考虑主人的需求。

四、宠物智能产品的硬件及移动终端设计实践

【宠物智能产品的硬件及移动终端设计实践】

1. 目标用户调查与分析法

要实现以人为本的设计，必须把产品与用户的关系作为一个重要的研究内容，先思考用户与产品的关系，设计人机界面，按照人机界面的要求再设计机器功能，即“先界面，后功能”，同时二者要协调配合。用户研究能够辅助改善网站、软件应用、手机、游戏等交互式产品和消费类电器产品的体验方式。

本次设计的目标用户是生活在城市的饲养宠物的年轻人，他们的年龄在20～35岁、能够接受新鲜事物、且多数未婚、经济状况良好。他们喜欢“晒”生活、爱旅游、有理想、爱“剁手”、向往自由和有个性的生活。在设计宠物智能产品时，也要符合他们的这些行为习惯和心理特征。

▲ 目标用户的特征

目标用户主要表现在以下方面。

(1）用户访谈

针对概念选题阶段产品研究和目标用户定位，通常选择通过用户访谈进行用户研究。用户访谈可以更真实地了解目标用户在养宠物时遇到的问题，分析宠物对他们的意义，了解他们饲养宠物的心理因素，从而作为产品核心功能的设计基础。

(2）访谈对象

我们制定的目标用户多为单身且有一定经济基础的女性。首先应设定访谈思路，找到符合目标用户的对象进行访谈，并对调研结果进行分析。然后，根据前期的用户定位和竞品分析，通过头脑风暴分析法，确定访谈的提纲及内容。

(3）访谈内容

了解访谈对象的基本信息和养宠物的信息。

了解访谈对象日常养宠物的生活和关于宠物的故事。

了解访谈对象养宠物的苦恼和对完美宠物生活的憧憬，更深入地了解宠物对其的意义。

（4）访谈目的

旨在通过自然聊天引导访谈对象讲出其真实需求，发现不同用户饲养宠物的习惯与方法、需求与痛点，寻求产品概念设计的功能立足点。

（5）访谈地址

北京市海淀区华杰大厦。

（6）访谈时间

2018年3月21日。

用户访谈一

昵称：小雪
年龄：23岁
宠物品种：泰迪
饲养时间：半年

问：你每天都遛狗吗？
答：基本是的，早上我爸爸溜，晚上我溜。
问：每次溜多长时间？
答：看我自己的情况，至少一个小时吧。
问：主要是为了减肥才遛狗的吗？
答：对呀，我以前瘦的时候是不遛狗的。
问：你的狗胖吗？
答：胖呀，我的狗从小就胖，别人家的狗两岁五六斤，我的狗八个月就十斤了。
问：是不是给它吃的太好了？
答：也不是很好，我也很奇怪它为什么这么胖，喂的很便宜的狗粮，也喂点饭。
问：遛狗的时候拴着吗？
答：不栓，它跟着我走。
问：狗狗有没有过走失的经历？
答：没有。
问：你会不会为你的宠物买很多东西？比如狗窝和厕所？
答：我刚买狗的时候买了一些东西狗厕所、狗窝、狗玩具，还买了件狗穿的衣服，然后就没买什么了，后来就是每月买狗粮和沐浴露。
问：狗狗有没有给你带来什么苦恼？

答：刚开始它在家里大小便，完全止不住，现在它定点上厕所，基本上都止住了，但是它开始依恋我，而且还不喜欢用狗玩具，可能是我陪它的时间最多。

问：它是不是改变了你的生活习惯？

答：它确实改变了我的一些生活习惯。

问：狗刚来的时候不知道怎么养，你是怎么获取养狗知识的呢？

答：咨询朋友，上网搜索。

问：有没有用过什么关于养宠物的 APP 呢？

答：没有，我不知道还有养宠物的 APP，我总觉得问周围养过狗的朋友比较靠谱。

问：有没有寄养过宠物？

答：没有寄养过，担心寄养容易感染一些病，而且还要花钱。

问：有没有因为这只狗认识更多的人？

答：有的，就我们小区的那些养宠物的人。

问：如果有一个能够记录宠物位置的挂在脖子上的硬件，你会买吗？

答：那不错，百元内可以接受。

用户访谈二

昵称：小玲

年龄：26 岁

宠物品种：泰迪

饲养时间：9 个月

问：你一个人养狗吗？

答：不是，我和我男朋友一起养。

问：以前养过狗吗？

答：养过，但是养了一段时间就死了，因为从狗市买的狗有病菌。

问：那你经常遛狗吗？

答：不经常溜，遛的时候不能拴着狗链，不然它不走。

问：它有什么让你苦恼的问题吗？

答：它经常翻垃圾筒、挠墙，我查了一下相关资料，好像是因为缺少维生素。

问：用过关于养宠物的 APP 吗？关注过类似贴吧之类的网站吗？

答：没有，我都是和周围的朋友聊宠物。

问：会让它自己出去玩儿吗？

答：不会，从来不让它自己出去，自己会找不到路。

问：如果有一个能够确定宠物位置的硬件，你会考虑吗？

答：我应该不会吧，因为不让它自己出门，应该不会丢吧。

用户访谈三

昵称：六儿

年龄：23 岁

宠物品种：一只金毛犬和两只中华田园猫

饲养时间：1 年

问：你会经常遛狗吗？

答：嗯，有时间就遛，一般遛半小时左右。

问：狗狗有丢过吗？

答：丢过，它自己出去了，发现不见了，我们出去找它，后来它自己回来了。

问：它有什么让你苦恼的吗？

答：它会叼鞋，我爸每天都找鞋。

问：曾经发生过什么令人感动的事吗？

答：它会护送爷爷奶奶去打牌，到地方后自己再回家。它特别聪明。

问：你的家人怎么看待它呢？

答：我爸对它像家人一样看待，我弟弟给它买了很多东西。

问：你的猫怎么养？

答：我的白猫非常胖，它的儿子黄猫还好。它们都太能吃了。

问：你们爱猫吗？

答：我爷爷很爱猫，他自己吃饭前总是先把猫喂饱了。

用户访谈四

昵称：笑嫣

年龄：22 岁

宠物品种：中华田园犬

饲养时间：1 年多

问：你会给狗买很多东西吗？
答：我对它很好，什么都买，虽然是小土狗，但养得像贵宾狗。
问：你的狗走丢过吗？
答：丢过！有一次妈妈带它去朋友家，就把它放楼下和其他小狗玩了，过了一个小时下楼它就不见了，后来我在附近小区贴满了寻狗启事。最后小区保安帮我找到了狗。
问：它有什么让你苦恼的吗？
答：它把沙发咬坏了，和外面的流浪狗对着叫（扰民），还偷吃、咬拖鞋、在地毯上尿尿，不过它长大后就不尿了。
问：你的狗给你带来了更多朋友吗？
答：嗯，溜狗的时候认识了很多“狗友”。
问：有没有出远门让狗自己在家的情况？
答：有的，那时候就让亲戚拿着家门钥匙来帮忙。我没寄养过，因为听说宠物店有病菌，自从有了它，我和妈妈就没有同时旅游过。
问：你爱你的狗吗？
答：非常爱，比预想的还要爱。
问：那你的家人呢？
答：我的姥爷本来不喜欢狗，但现在很爱它。
问：有没有用过关于宠物的 APP 呢？
答：没有，主要因为我有一个养狗的小圈子。
问：最开始不会养的时候，你是怎么获取关于养宠物的知识的呢？
答：问我同学的爸爸，他什么都知道，问养狗的邻居也行。
问：如果有一个确定宠物地理位置的硬件，你会考虑购买吗？多少钱能接受？
答：可以呀，200 元内可以接受。

2. 焦点小组法

焦点小组法是将已确定的设计目标作为焦点，一次任意选择多种事物与其强制关联，再由每一种事物及其属性展开联想，想象实现目标的各种方式，最终从中择优，或者通过若干设想的综合，产生最佳设计思路的一种创造技法。

焦点的具体确定，可以是某一特定功能的产品设计，也可以是某一产品的多样性开发，还可以是某种闪频的广告主题，或者某种文艺创作主题等。

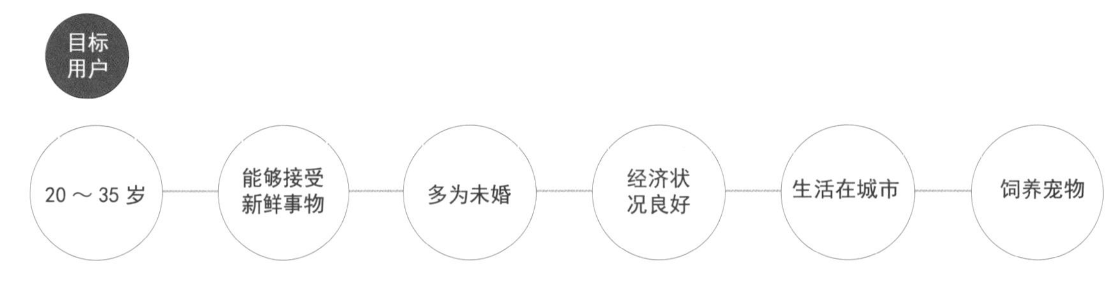

▲ 焦点小组法是将已确定的设计目标作为焦点

(1) 选择关联项

依次选择一种熟悉的事物作为关联项。对于产品设计问题的焦点，关联项的选择，应注意选择那些能够激发人们情感的事物，其中包括人们喜爱的事物、常见的事物、畅销的商品、新奇的动植物等。

(2) 列出关联项的属性

这里所谓关联项的属性具有较为广泛的含义，其中包括关联项的形态、颜色、结构、材质、性能及功用等。

(3) 由关联项及属性出发展开联想，与焦点联系，通过创造性想象，提出新设想

这里要运用各种方式的联想与想象，由关联项的事物及其属性展开联想，并逐步逼近焦点，直至与作为焦点的目标发生关联，在关联中提炼出设计方案或设计思想。

（4）第二个关联项的选择

如果由第一个关联项通过联想与想象未能产生创造性的构思，或者产生的构思不够理想，可以进一步选择第二、第三个关联项，并重复上述过程，直至产生满意的构思。

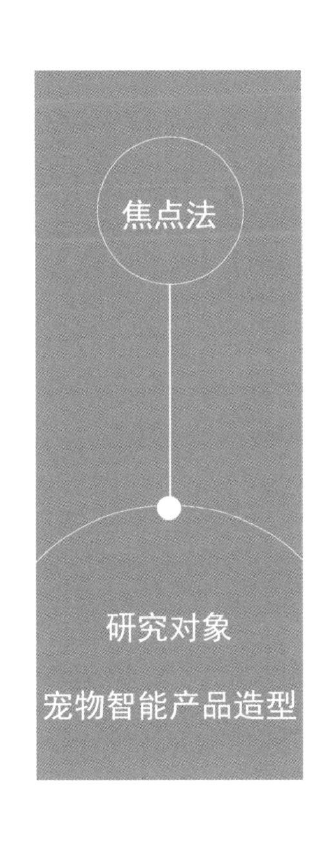

属性　参照物：花朵

- 香气 → 熏香 → 精油 → 宠物去异味香囊
- 柔软 → 可变形 → 塑料 → 塑料智能产品
- 中心对称 → 圆形 → 圆形表面
- 植物 → 光合作用 → 太阳能 → 太阳能充电
- 五颜六色 → 变化的色彩 → 可变色材料、灯光
- 脆弱 → 不脆弱 → 外壳包裹

属性　参照动物：狗

- 毛 → 毛绒玩具 → 卡通造型
- 骨头 → 光滑白润 → 白瓷
- 尾巴 → 转轴 → 扳手 → 机械感造型
- 吠叫 → 发声 → 提示声音
- 奔跑 → 速度 → 流线型
- 大眼睛 → 闪亮的眼睛 → 呼吸灯

▲ 焦点法与关联项

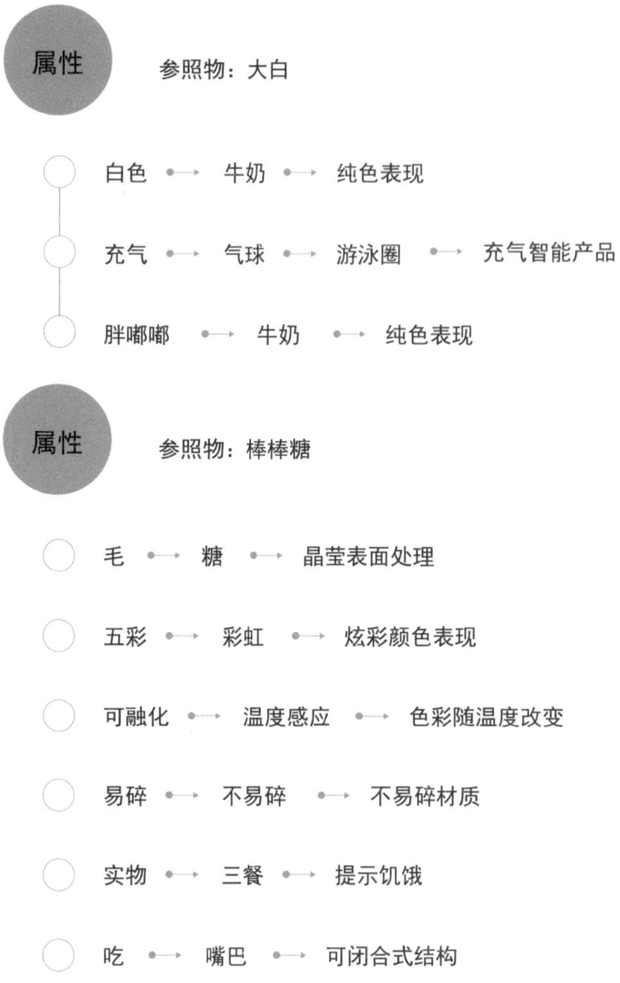

属性 参照物：大白

白色 → 牛奶 → 纯色表现

充气 → 气球 → 游泳圈 → 充气智能产品

胖嘟嘟 → 牛奶 → 纯色表现

属性 参照物：棒棒糖

毛 → 糖 → 晶莹表面处理

五彩 → 彩虹 → 炫彩颜色表现

可融化 → 温度感应 → 色彩随温度改变

易碎 → 不易碎 → 不易碎材质

实物 → 三餐 → 提示饥饿

吃 → 嘴巴 → 可闭合式结构

▲ 焦点法与关联项（续）

3. 饲养宠物的痛点分析

通过用户访谈、模拟目标用户，找到了饲养宠物的许多痛点：宠物寿命短，无法相伴终生，周围的人歧视土狗、土猫，品种纯的宠物身体存在缺陷，流浪猫、流浪狗遍布城市角落，宠物需要照顾，忙的时候不能忘记喂食、喂水，宠物顽皮容易发生意外，宠物在路上闻见能吃的东西就吃，不卫生，猫外出时会掏垃圾吃……

对以上这些问题，应进行整合研究。

4. 宠物佩戴智能硬件的方式研究

通过对宠物形体大小的研究和实际模拟佩戴智能硬件，得出宠物的颈部是最适合佩戴智能硬件的位置的结论。

饲养宠物用户痛点

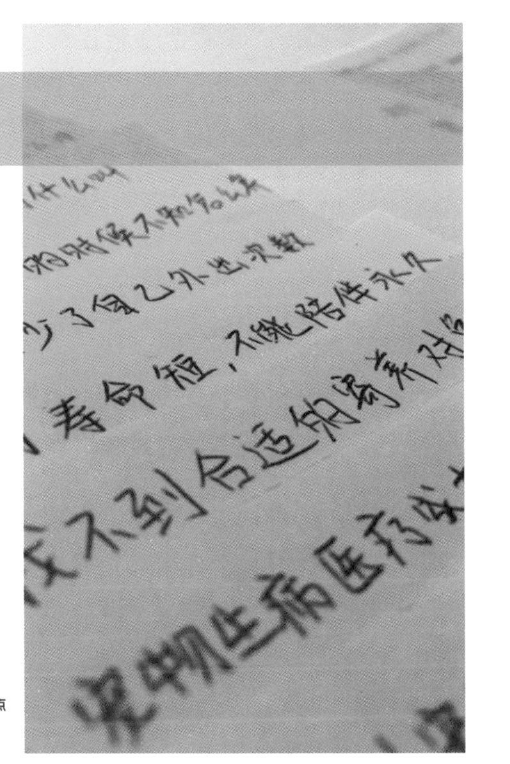

- ● 宠物寿命短，无法相伴终生
- ● 周围的人歧视土狗、土猫
- ● 有人不将宠物看做朋友，吃狗肉、猫肉
- ● 品种纯的宠物身体存在缺陷
- ★ 流浪猫、流浪狗遍布城市角落
- ● 宠物需要像孩子一样照顾
- ● 忙的时候忘记喂食喂水
- ● 宠物顽皮，容易发生意外
- ● 宠物在路上闻见能吃的就吃，不卫生
- ● 猫外出掏垃圾吃
- ★ 寄养到朋友家和宠物店都不能完全放心
- ● 流浪猫狗携带病菌容易感染自家宠物
- ● 宠物繁殖快
- ● 宠物生病治疗成本高
- ● 在工作学习的时候宠物常打扰
- ● 宠物掉毛
- ● 养宠物家里有味道
- ● 宠物对外来人员态度不友好
- ● 自家宠物被别人家的欺负或欺负别人家的宠物
- ● 宠物训练成本高
- ★ 狗容易丢失，被狗贩子带走
- ★ 宠物普遍缺乏室外运动
- ● 宠物把家弄得很乱
- ● 宠物缺乏锻炼，有的长得很胖
- ★ 找不到合适的寄养对象
- ★ 开始养宠物的时候不了解如何饲养
- ● 经常不知道宠物为什么叫
- ★ 附近的宠物服务店比较少
- ★ 宠物用品良莠不齐
- ● 宠物常常独自在家
- ● 周围很多人不能理解为什么爱宠的人视宠为命
- ● 由于宠物而减少了外出次数
- ★ 希望能够记录与宠物的点点滴滴
- ● 购买的宠窝、宠玩具等很多，没有地方处理
- ● 防止宠物在不恰当的时候怀孕
- ● 宠物之间打架
- ● 购买的宠物玩具自家宠物只有三分钟热度
- ● 宠物对儿童、老人带来威胁
- ● 宠物需要上户口

★ 高频次痛点　● 低频次痛点

▲ 饲养宠物的痛点分析

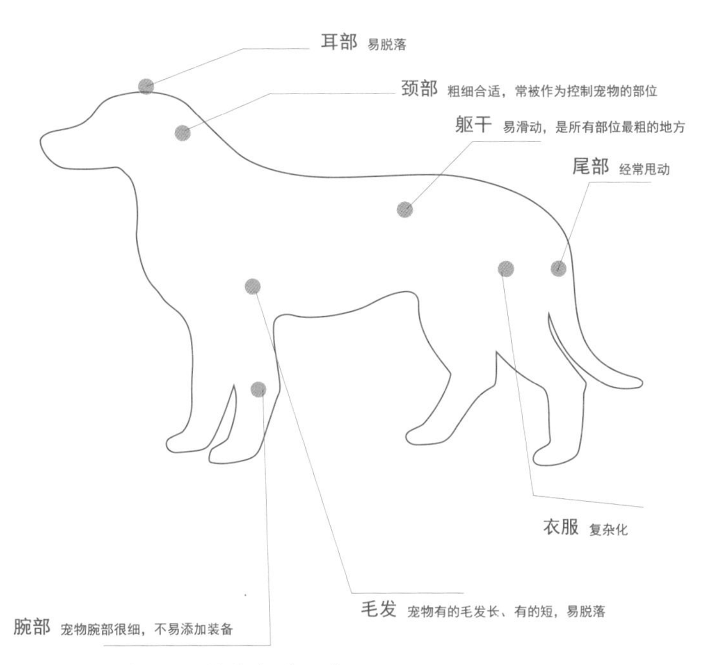

▲ 宠物佩戴智能硬件的方式研究

5. 产品意象分析图，探索功能的情感

意象分析图的建立过程是一个较为复杂的多学科交叉的过程，涉及实验心理学、统计学的方法和原理。意象尺度法以语义差异法为基础，它一方面通过寻找与研究目的相关的意象语汇（如“暖－冷”等意思相反的形容词），从不同的角度或维度来量度“意象”这个模糊的心理学概念。另一方面，还需建立五点或七点心理学量表，以很、较、有点、中常（都不是）来表示不同维度的、连续的心理变化量（如很暖、较暖、有点暖、中常、有点冷、较冷、很冷等），并采用因素分析中的主成分分析法或多向度法进行研究。

意象是色彩、造型、材质等多种因素的综合心理表现，单独研究色彩或形态的意象更容易发现其中的规律，具有明确的指导意义。

简单地说，意象分析图是一个具有明确的色彩、形态分布和变化规律的示意图，这对设计方案的评价和选择具有非常重要的意义。该方法在构造产品形态与色彩审美认知过程

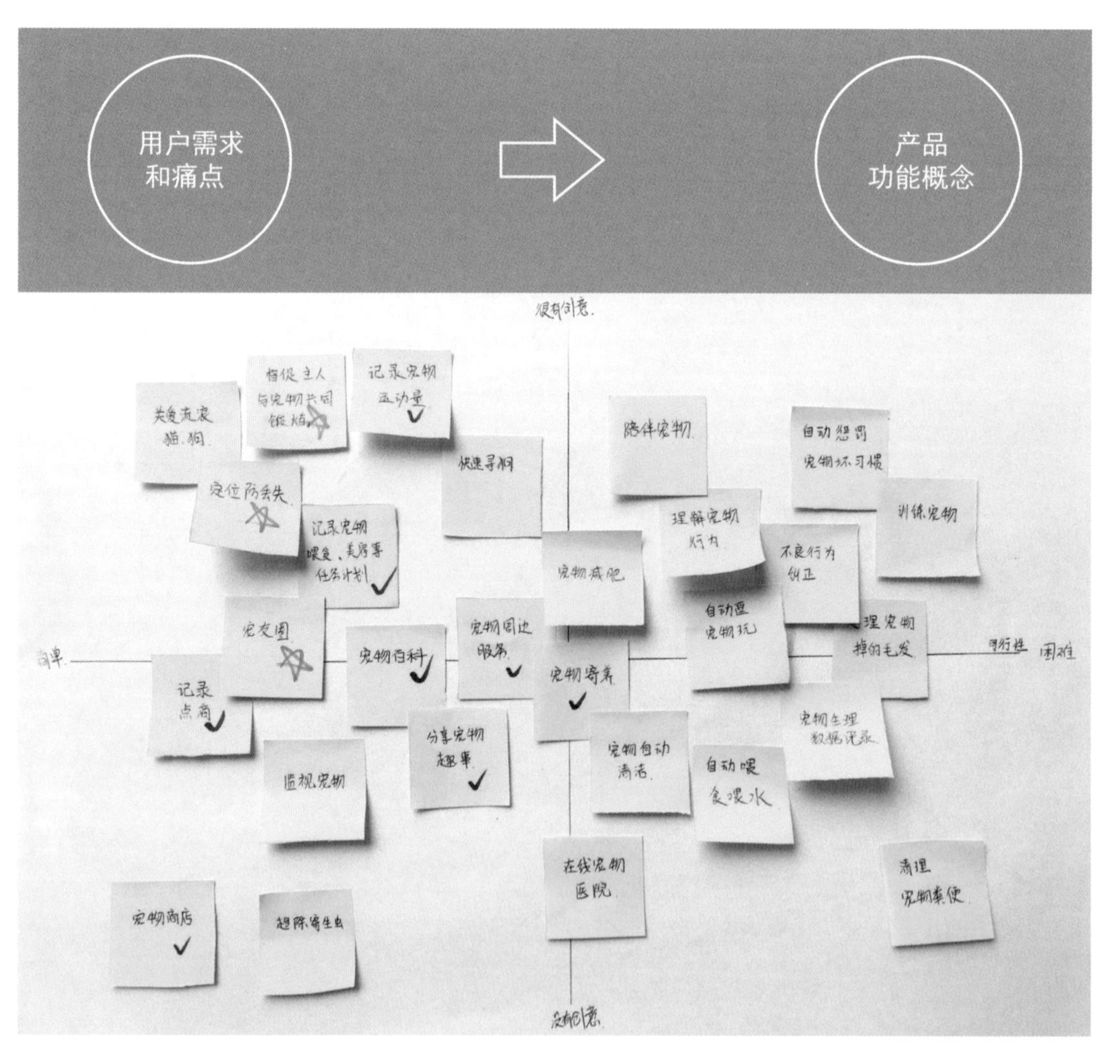

▲ 产品意象分析图

的内在心理模型的同时，揭示出产品形态和色彩设计的基本规律，将设计中模糊、感性的问题量化，从而为产品设计提供较为准确的数据结构和一定的科学依据。

6. 概念与草图方案

分别尝试从外观入手或从外观与结构同时入手的方式，探索可能的宠物智能产品的硬件的造型和结构，并不断进行细化修改。

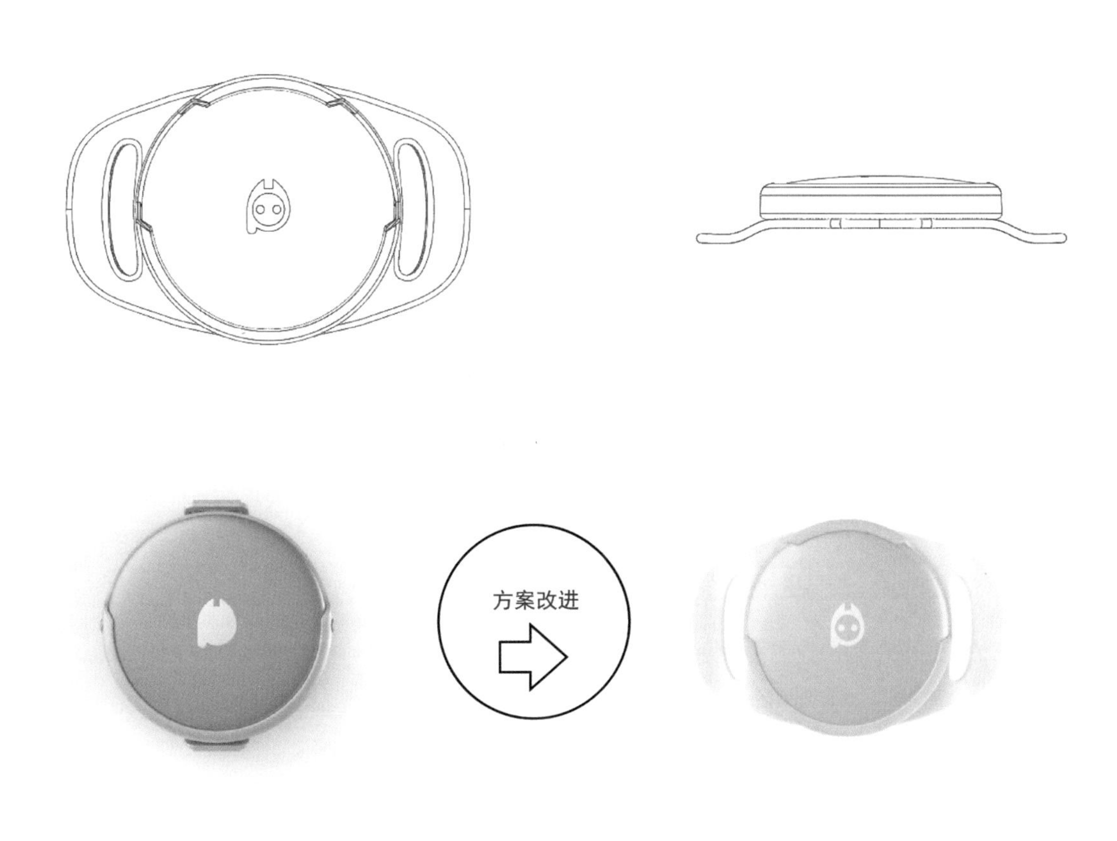

方案改进

核心部件不易安装或取下

卡扣易脱落

两件套

橡胶过硬，配合卡住核心部件

穿插不易脱落

▲ 概念与草图方案

7. 宠物智能产品的硬件模型爆炸图

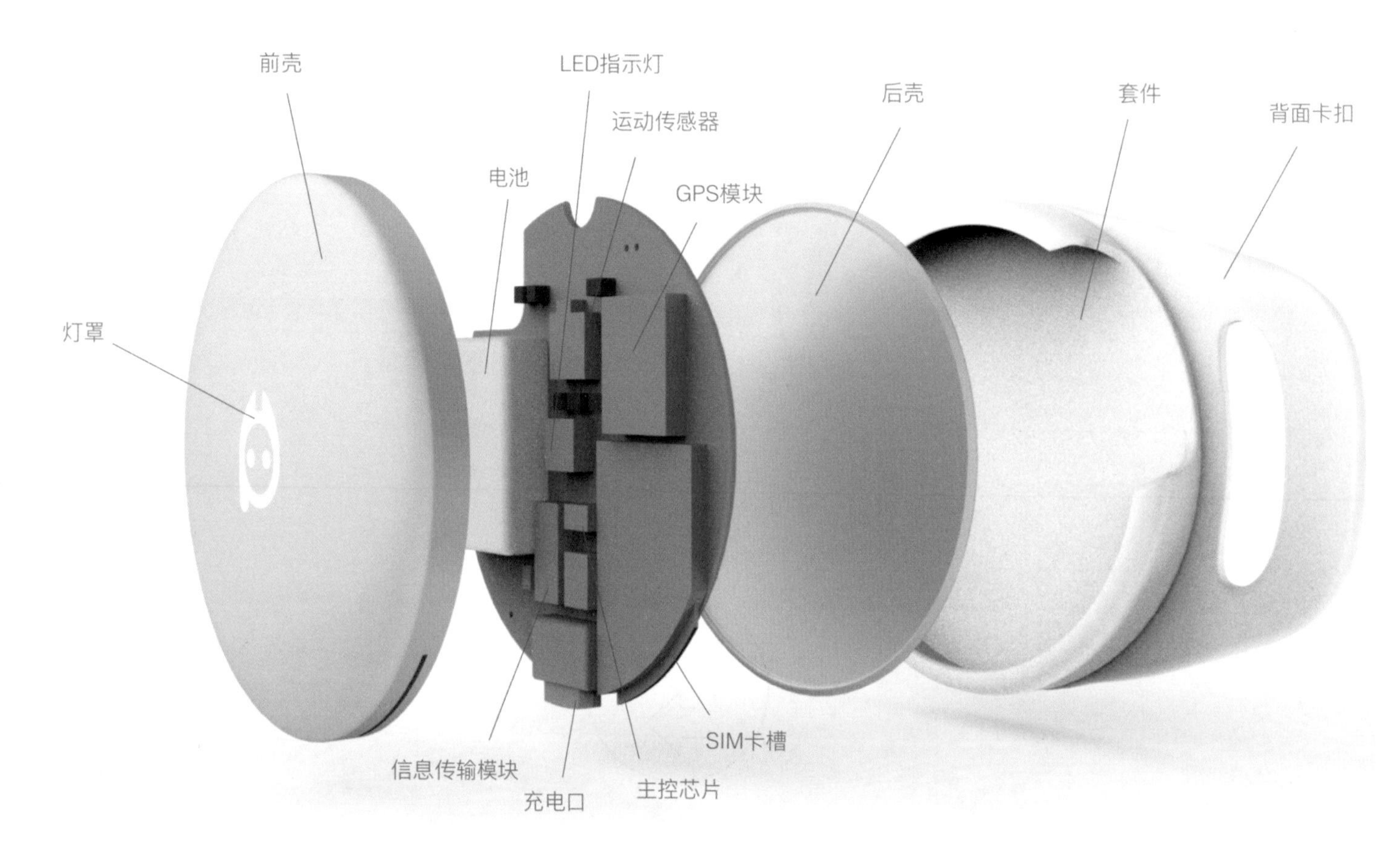

Peti硬件爆炸图

▲ 宠物智能产品的硬件模型爆炸图

8. 硬件的主要功能、主要技术和主要结构

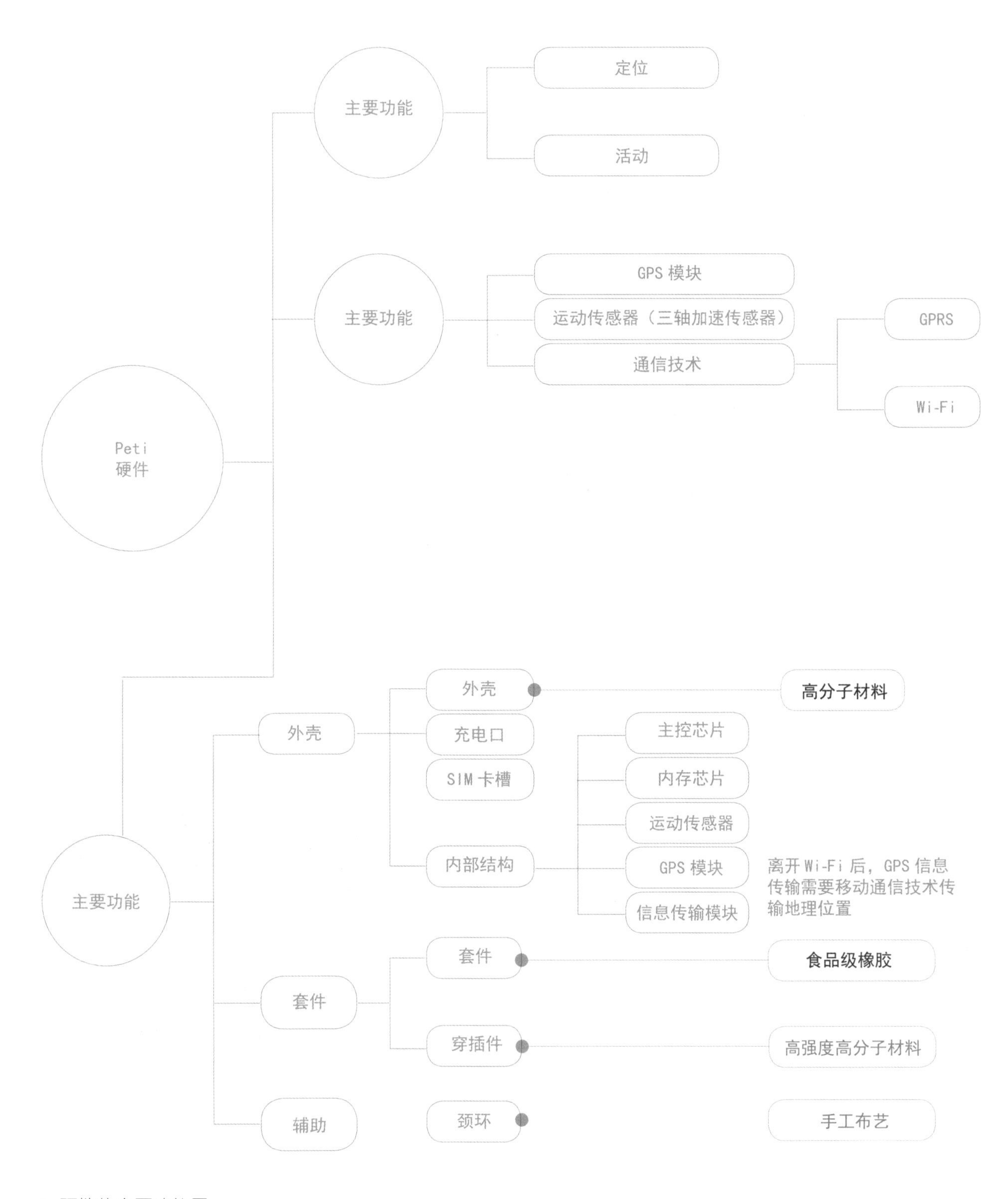

▲ 硬件的主要功能图

宠物智能硬件取名为Peti，意为“宠物与我”，Logo如下图所示（案例设计者：范可馨）。

▲ 宠物智能产品的Logo

宠物智能产品的硬件图标如下图所示。

▲ 宠物智能产品的硬件图标

Peti 软件构架如下图。

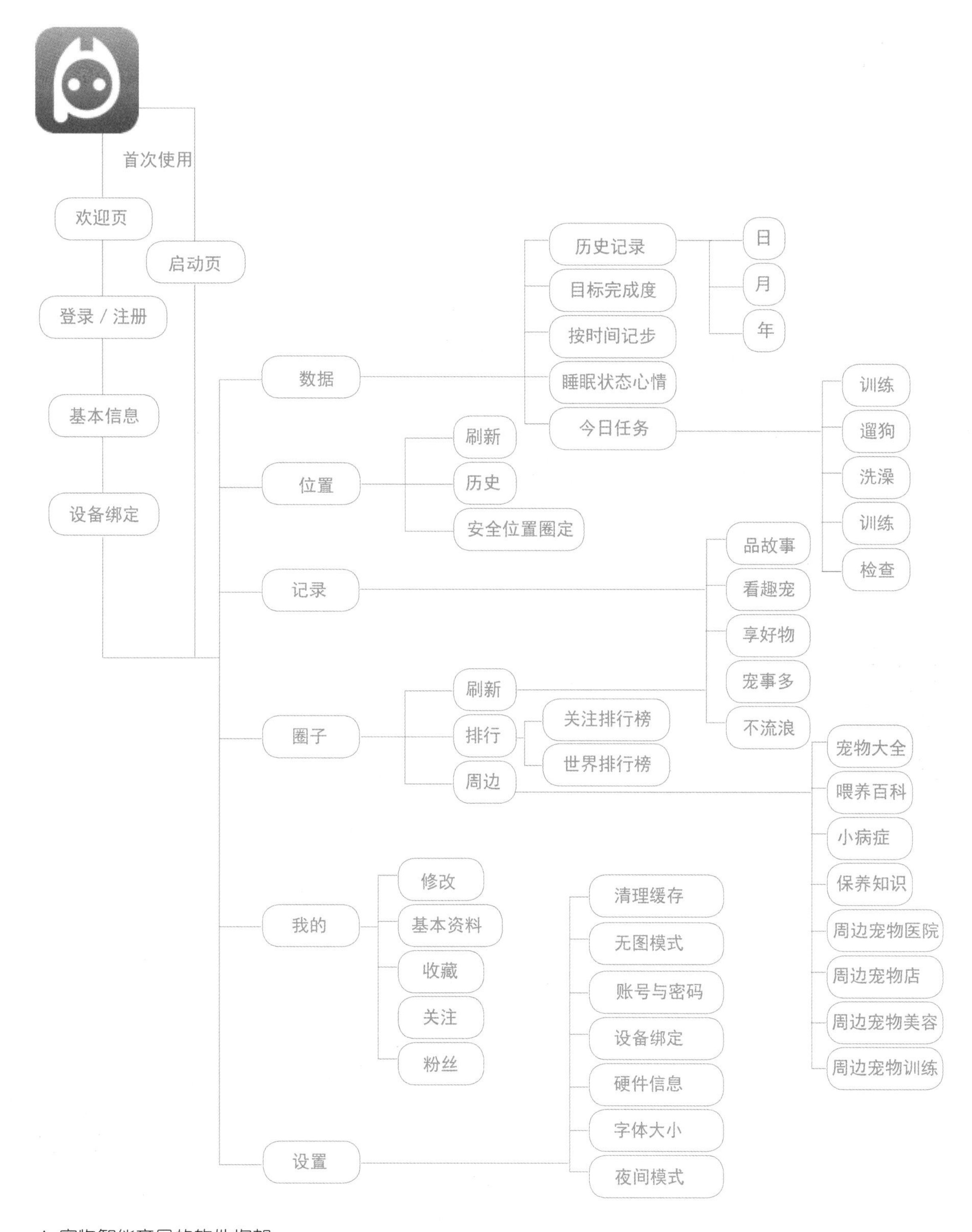

▲ 宠物智能产品的软件构架

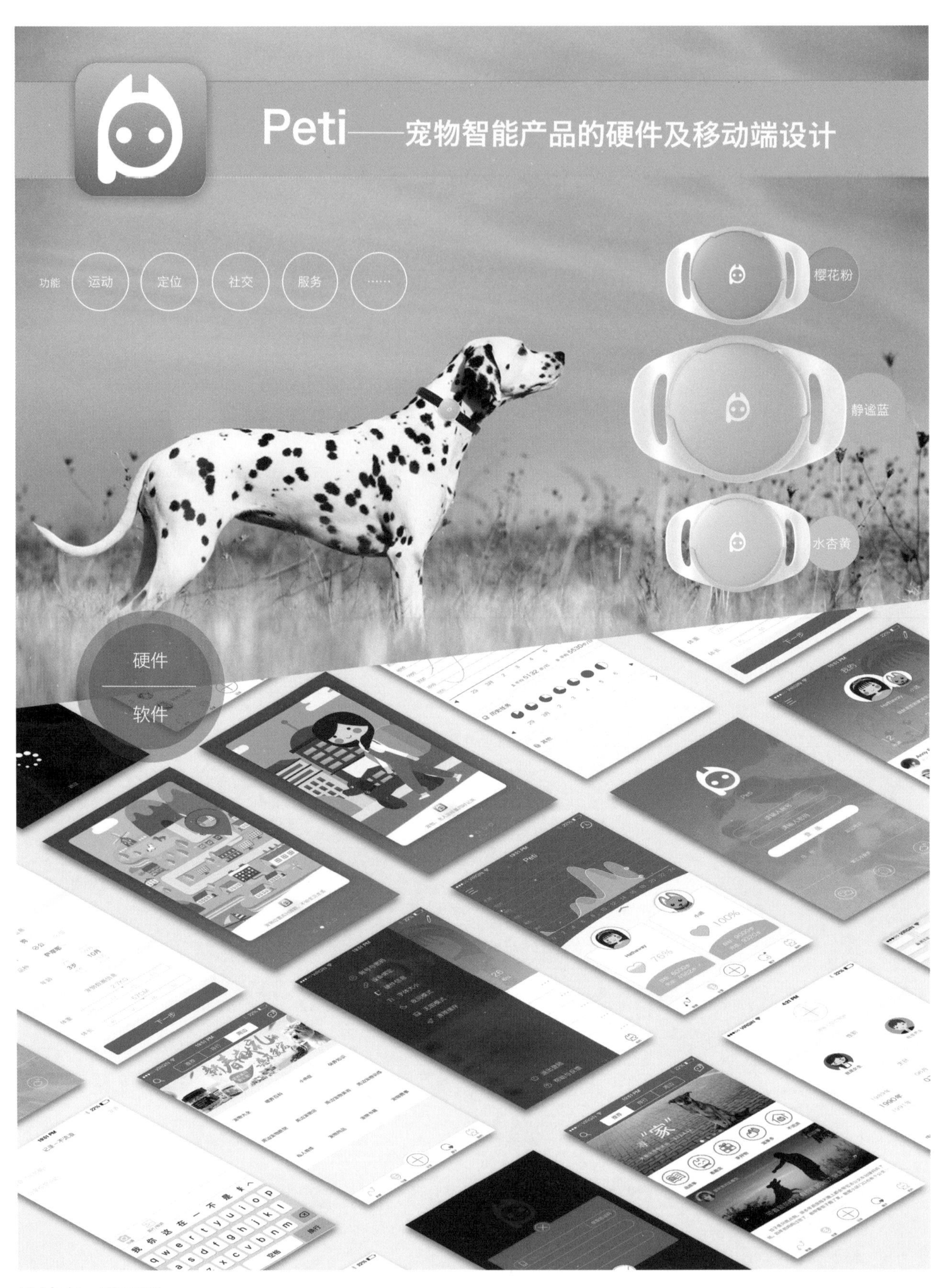

设计者：范可馨

第四章　文化创意产品设计

文化创意产品是指文化创意产业中产出的任何制品或制品的组合。设计的目的是提高人们的生活质量，并提升整个社会的文化层次。通过对文化的探索和理解，运用现代工艺设计出的文化创意产品，能够勾起使用者的怀旧情怀，使现代人的生活不再单调乏味。此外，文化产品的消费趋势越来越注重品牌的体验设计。本章通过微熱（热）山丘品牌、星巴克和玉印堂普洱茶叶公司等案例进行充分说明。

第一节　文化创意产品设计内涵

一、文化产品

广义的文化产品是指人类创造的一切提供给社会的可见产品，包括物质产品和精神产品；狭义的文化产品专指精神产品，纯粹实用的生产工具、生活器具、能源资材等一般不称为文化产品。本课程中均指广义的文化产品。

二、文化创意产品

文化创意产品是指文化创意产业中产出的任何制品或制品的组合。从产品的最终形态来看，文化创意产品包含两个相互依存的部分：硬件载体和文化创意内容。文化创意产品相较于大多数一般产品，它的特殊性主要在于文化创意内容，这是文化创意产品的核心价值。但是文化创意内容无法独立存在，必然要依靠具体的硬件载体而存在。因此，文化创意产品的价格主要由两部分价值组成：一是硬件载体的成本，二是文化创意内容的精神与情感价值。

三、文化创意产品设计意义

设计的目的是提高人们的生活质量，并提升整个社会的审美文化层次。通过对文化的探索和理解，运用现代工艺设计出的文化创意产品，能够勾起使用者的怀旧情怀，使现代人的生活不再单调乏味。因此，设计师需要充分了解社会文化，掌握一定的工艺方法，将文化与工艺合理运用到其设计作品当中。科学技术只是工具，不能用来主导设计，未来的工艺产品化设计应该回归到人文美学，只有将文化、艺术及科学完美地结合，才能从根本上调整人类的生活状态。

第二节 文化形态

文化是一个民族之所以能够延续、传承、发展的最重要的基石，它是一种人类特有的适应社会存在又创造了自身存在的物质形态与精神形态的总和。鉴于文化元素在产品设计上的应用方式，本书从文化的三个方面对文化形态进行分析，分别是器物文化、行为文化、观念文化。

一、器物文化

器物文化是指文化寄寓在器物之中通过器物来反映它在物质层面的文化，是人们在物质生活资料的生产实践过程中所创造的文化内容，包括衣、食、住、行等物质生活资料。中国的器物文化博大精深，主要包括青铜器、陶器、玉器等，以及农耕用具（例如犁）、传统乐器（例如古筝）等。

【器物文化案例】

▲ 器物文化

二、行为文化

【行为文化案例】

行为文化是指人们在生活、工作中所贡献的有价值的促进文明、文化及人类社会发展的经验及创造性活动。行为文化是文化层次理论结构要素之一，它反映在人与人之间的各种社会关系中，以及人的生活方式上，是以礼俗、民俗、风俗等形态表现出来的约定俗成的行为模式，如宗族制度等。

三、观念文化

【观念文化案例】

观念文化是指精神层面的文化，是在前两种文化基础上形成的意识形态，是指长期生活在同一文化环境中的人们逐步形成的对自然、社会与人自身的基本的、比较一致的观点与信念。一方面，它是对活动方式的符号化（形式化）和理论化；另一方面，它是活动方式得以运作（与人结合）的基础，因而是文化系统的核心要素。

第三节　文化分类

一、非物质文化

【非物质文化遗产之乌坭泾手工棉纺织技艺】

非物质文化是指那些非物质形态的有艺术价值和历史价值的东西，如戏曲中的川剧、昆曲等，与“物质文化”相对。人类在社会历史实践过程中所创造的各种精神文化大体上可分为三个部分：第一，与自然环境相适应而产生的如物理学、天文学、生物学等；第二，与社会环境相适应而产生的如语言、文字、风俗、道德、法律等；第三，与物质文化相适应而产生的方法，如器具、器械或仪器的使用方法等。

▲ 非物质文化遗产：川剧

二、物质文化

【物质文化代表之苏州园林】

物质文化是指为了满足人类生存和发展需要所创造的物质产品及其所表现的文化，包括饮食、服饰、建筑、交通、生产工具等，是文化要素或者文化景观的物质表现。

▲ 物质文化遗产：苏州园林

第四节　文化创意产品的消费趋势

对于文化创意商品而言，消费动机共分为四个层面，按照动机强度依次为美学动机、分享动机、机能动机、象征动机。消费者认为文化创意商品需具备的要素主要包括：创意及独特性、有质感、具有文化内涵、手工制作工艺独一无二、具有生活品位、使用当地素材、具有故事性等。此外，不同性别对文化创意产品的认同有所差异：女性对文化创意产品的民族文化有着较高的认同，而男性较注重实用性与可行性，对于文化创意产品的品质层次具有认同感；女性较偏重商品的内在层次，而男性较偏重商品的中间层次；女性对于文化较为感性，而男性较为理性与实际。

经过分析，可将消费者分为四种类型：户外生活型、享受生活型、积极活跃型、保守居家型。积极活跃型的消费动机最强烈，购买项目均以生活用品居多，文具其次，消费次数越多，其消费动机也越强烈。消费者购买文化创意商品有助于展现其享受生活的能力，因此，文化创意商品的美感体验成为未来消费的趋势。

【微熱（热）山丘凤梨酥视频介绍】

▲ 台湾著名文化创意品牌——微熱（后文用简体字“热”）山丘凤梨酥，从品牌自身的定位、输出的产品、产品展示等方面，形成完整的品牌文化体验。

微热山丘【台湾凤梨酥文化体验店】

"微热山丘"取名来自夏日黄昏八卦山上的三合院，傍晚徐徐的凉风中仍感觉到红砖墙上微微散发着白天积存的热气，也如同山上的人，既热情、淳朴，又腼腆、含蓄

▲"家的感觉，妈妈的心情"是微热山丘品牌的核心精神。只要你到微热山丘的门店，就可以免费品尝一块凤梨酥和一杯茶，整个过程不会有任何人要求你购买产品，你可以听完它的故事，然后转身离开。而为了让顾客更好地获得消费体验，微热山丘在门店的整体装修和细节设计方面都下足了功夫，如奉茶使用的杯子是日本陶艺家的手拉胚，而不是一次性纸杯，令人感到非常贴心。创始人许铭仁曾透露，对于门店的服务人员，不要求一天有多少业绩，而是要让客人带着期待的心情走进来，然后心满意足地离开。

品牌体验

品牌体验是顾客作为个体对品牌的某些经历（包括经营者在顾客消费过程中，以及购买产品前后所进行的营销努力）产生回应的个别化感受。也就是说，品牌体验是顾客对品牌的具体经历和感受。当然，“体验”的内涵要远远超出品牌旗帜下的产品和服务。它包含了顾客和品牌或供应商之间的每一次互动——从最初的认识，通过选择、购买、使用，到坚持重复购买。品牌体验是品牌与消费者之间的互动行为，成功的品牌标签会让人产生丰富的品牌联想和个性化的优越感。文化创意要形成品牌效应，需要有明确的定位，并且有个性化、系列化的产品输出。

【星巴克的移动端预约下单】

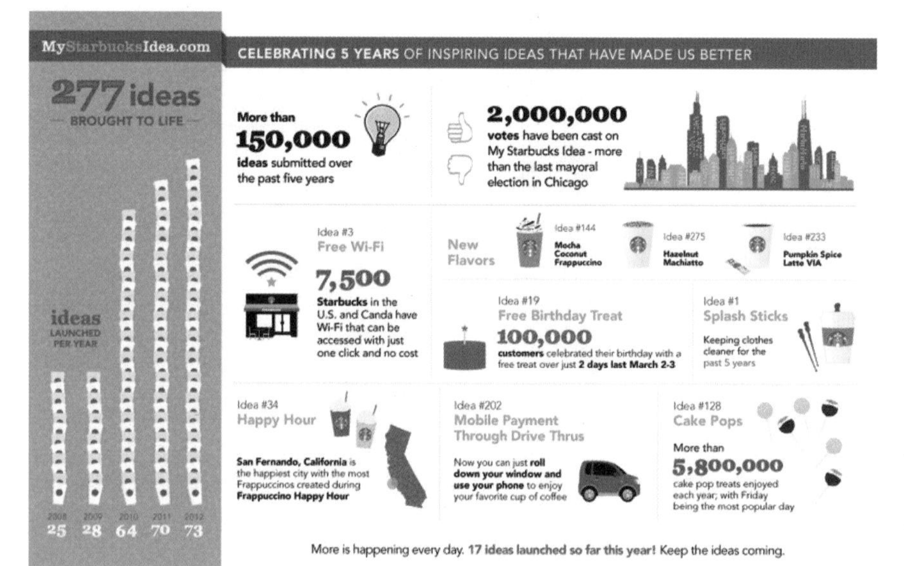

▲星巴克在2008年3月19日推出My Starbucks Idea网站，通过互联网收集用户意见，改善服务，增强顾客的“正面”体验。Idea可以分为三大类：一是与产品有关的，如新产品、咖啡味道等（Product Ideas）；二是与体验有关的，如门店的环境、音乐、付款方式等（Experience Ideas）；三是与社区有关的，如社会责任、社区互动等（Involvement Ideas）。

▲Mobile APP是星巴克移动策略的重心。手机在现代人的生活中占有重要的地位。如果APP做得好、功能强大、使用方便，不但用户的使用率会相应提高，还可以通过APP产生的数据来分析消费行为，增加对用户的了解。不过，对于星巴克这项策略的解读，不应该单单以APP的功能而论，而应该结合奖励计划（即Social CRM）、POS系统、预付卡、移动支付等一起了解，因为它们是独立的系统。

第五节 文化创意产品体验设计

体验设计是主张以用户需求为基础，并以用户体验为设计目标，坚持以用户为中心的一种行为方式设计。文化创意产品的体验设计强调文化创意产品在设计开发的各个阶段均考虑用户的体验，更重要的是用基于用户体验的设计方法，将对文化内容的创意体现在产品上，这样才能设计出让消费者愿意接受的文化创意产品，并享受产品背后的文化精神内涵。

【本能层级文创产品代表】

▲ 文化创意产品本能层级的体验设计

本能层级的体验设计原理源于人类本能，即人的生活经验长期积累形成的一种下意识的反映，存在于意识和思维形成之前。人类对外界的本能感知主要来源于产品的形态、色彩、表面纹理及质感等，这个层级是实体物质层，是有形的、直观的、可触的。基于本能层级的文化创意产品主要注重文化的物质特色表达，可用具象转化的方法将传统器物的造型、装饰纹样等直接通过工艺和技术表现在现代产品上，这类文化创意产品比较适合博物馆纪念品、旅游观光纪念品等。

【行为层级文创产品代表】

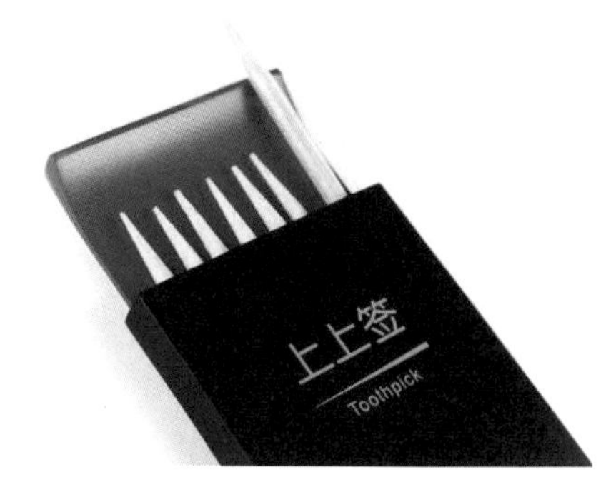

▲ 文化创意产品行为层级的体验设计

【反思层级文化产品代表】

行为层级的体验设计主要源于人的生活方式、人使用产品的方式、中间过程等，主要表现在产品的功能性、易用性、完全性等方面。在文化中，对应的仪式风俗层面，比如民族祭典行为、宗教信仰行为等。例如，2008年红点奖作品“上上签”就是将生活用品——牙签结合中国传统的祈福文化，通过符合现代人生活方式的产品展示中国传统文化，从而赋予产品行为层级的新体验。

【无印良品CD机】

情感反思层级又称精神层、心理层，它是人们对产品的第一印象和使用产品后而产生的一种使用感受的反思、对产品价值的衡量，对应产品的意识形态层面。对文化创意产品而言，情感反思层级可包括产品的故事性、产品的情感性、产品的文化特质。此类产品级主要通过故事情境法和比喻的手法传递文化内涵。下图所示为无印良品CD机。

▲ 文化创意产品情感反思层级的体验设计

第六节 文化创意产品设计程序与方法

研究中国文化并以全新的产品设计思路进行深入提炼，设计出符合现代人生活方式与审美需求的文化创意产品，为传承和发扬中华文化作出贡献。设计程序：寻找亮点故事→明确设计理念→思考设计载体→提炼设计特征（传统特征新应用）→开展设计探索。

一、寻找亮点故事

通过头脑风暴的发散性思维联想一切自己感兴趣或者好玩、有意思的文化元素，运用便签纸将联想到的关键词记录下来，为接下来的分析和整理工作做准备。

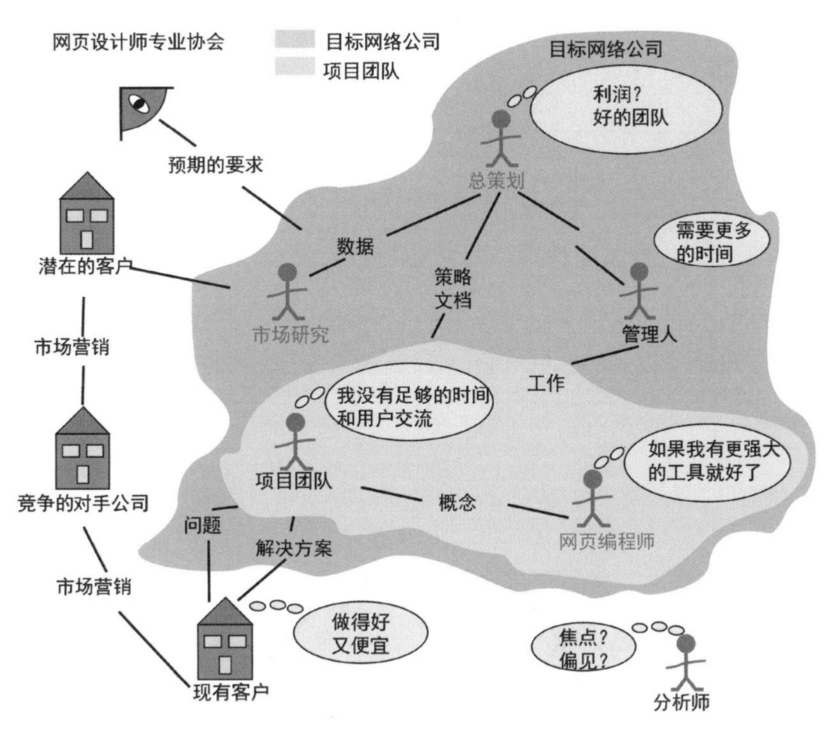

▲ 通过头脑风暴激发创新思维

头脑风暴（Brain-storming）最早是精神病理学上的用语，是针对精神病患者的精神错乱状态而言的，如今转化为无限制的自由联想和讨论，其目的在于产生新观念或激发创新思维。

二、明确设计理念

运用维度分析法，对头脑风暴发散出的关键词进行整理与筛选，挑选出有价值、有意义的设计点。

维度分析法即为中心词画一个象限表，纵轴为解决效果，横轴为实现成本，根据每个关键词的实际情况将其一一对号入座。最后根据产品开发的要求缩小关键词的范围，直到最终确定可行性最高的关键词。

▲ 维度分析法示意图

三、思考设计载体

将设计理念或者创新点运用到合适的载体上，是表达产品内在文化含义的基础。通过归纳和总结，确定文化产品的设计载体主要为以下类别。

① 文具用品：纸、笔、橡皮、圆规、直尺、笔筒、书签、计算器、贺卡、明信片、书架等。

② 生活用品：火柴、蜡烛、煤炉、扇子、梳子、镜子、脸盆、水杯、手电、粘钩、雨伞、餐具等。

▲ 墨竹挂钟

③ 电子产品：触控笔、平板电脑、游戏机、鼠标、电子相框、手机等。

④ 纪念品：钥匙扣、纪念币、纪念章、书签、画册等。

⑤ 文娱产品：玩具、象棋、篮球、足球、羽毛球及球拍等。

四、提炼设计特征

将传统文化元素特征进行提炼、概括并赋予其新的意义；删除繁复的、非本质的部分，保留和完善最具有典型意义的部分。

提炼设计特征的方法

① 变异修饰：变形、变色、变式、变意。

② 打散重构：原形分解，重新组合；移动位置打散原形组织结构形式，移动后重新排列；切除、选择美的部分或者从美的角度切分，保留最具特征的部分。

③ 借形开新：借助一个独特的外形或具有典型意义的样式进行新图形塑造。

④ 异形同构：不断变换组合元素，或者不断配对重组，产生新的图形，包括异形同构、图文同构、中西文同构。

⑤ 承色异彩：借鉴传统色彩的配色方式进行设计，或打破传统色彩的局限，对局部色彩予以变换。

▲ 提炼设计特征

五、开展设计探索

通过联想用户的使用情境，进一步挖掘设计点，深化产品细节，并制作效果图。

第七节　文化创意产品设计案例分析

▲“呼噜山”文化创意产品　　设计者：王磊

一、设计背景

“呼噜山”是河北邯郸地区家喻户晓的民间故事，相传呼噜山是周公的住所，人们睡着后就可以到呼噜山上寻找周公，同周公一道喝茶下棋，还能请周公帮你一解美梦。

现代人的生活压力越来越大，尤其是中青年群体，常常会因为生活、工作、学业等种种压力出现睡眠不良的情况，因此高质量的睡眠对于这部分人群非常重要，这正与“呼噜山”故事中的美好愿望相吻合。

二、设计意义

1. 营造舒适的休息环境，提高生活品质

通过“呼噜山”卧室用品创意设计，整体采用“山”的元素进行设计。山给人清新、稳重、心旷神怡、宁静致远的感觉。通过卧室用品的设计给人们更好的带入感，使人们感觉置身在山林之中，在舒适的休息环境中，放下紧张的心情，提高了睡眠质量。好的睡眠可以使人精力充沛、思维敏捷、办事效率高，进一步提高生活品质。

2. 赋予民间故事新的活力，使其更好地融入现代生活

将“呼噜山”民间故事与卧室用品设计相结合，充分开发产品的实用功能和独特的视觉效果，使其更加符合现代人的审美情趣，同时吸引人们对传统民间故事的关注。赋予“呼噜山”民间故事新的活力，使其更好地融入现代生活，从而扩大民间故事的传播与应用，增强其文化影响力。

3. 丰富了睡眠文化创意产品的设计内涵

将“呼噜山”民间故事与人们对好的睡眠状态的寓意赋予当代卧室用品设计中，使其不仅具备传统的实用性功能，还丰富了睡眠文化创意产品的设计内涵，为文化创意产品市场注入了新的活力。

三、设计方法和设计过程

1. 调查分析

根据实地走访调查所得信息，结合手里相关资料，对“呼噜山”民间故事进行整体分析，了解该故事背后蕴藏的文化内涵及目前的发展状况。通过挖掘其背后的山林文化，确定了以山形为设计切入点，结合山林文化的“山”形象，营造一种安静舒适的睡眠环境。通常，影响睡眠的因素很多，环境是其中非常重要的一项因素。这里所指的环境，是睡眠中的人通过人体物理感知系统所能感知到的外部环境，其中包括听觉、视觉、嗅觉以

及味觉，将外界环境的物理信号转化为化学信号，由神经系统传递至大脑而产生感知。由人类的外部感知系统功能延伸至环境中的各种影响因素，包括光线、湿度、味道等。本次设计以加湿器香薰组合床头灯系列为主要设计对象。

2. 概念阐述

本设计采用“山”形，给人以沉稳、自然、幽静、放松的感觉，以民间故事“呼噜山”形容人熟睡时的状态，与中国人对“山”特有的休闲方式和休闲理念相结合，由此促使目标人群产生强烈的共鸣。

3. 创意设计

首先主要以“呼噜山”为主题进行造型、图案和功能设计。通过前期调查与实地调研，对“呼噜山”的文化背景及艺术特色进行深入了解，对山的造型特征进行设计与归纳。造型及外观方面，以“山”形为主要形态，以白色、青绿色为主色调。材质选择上，以特种纸、亚克力、树脂材料与木制的搭配使用来完成此次设计，从而保证整套产品的调性与质感的完整性与统一性。

4. 制作展示

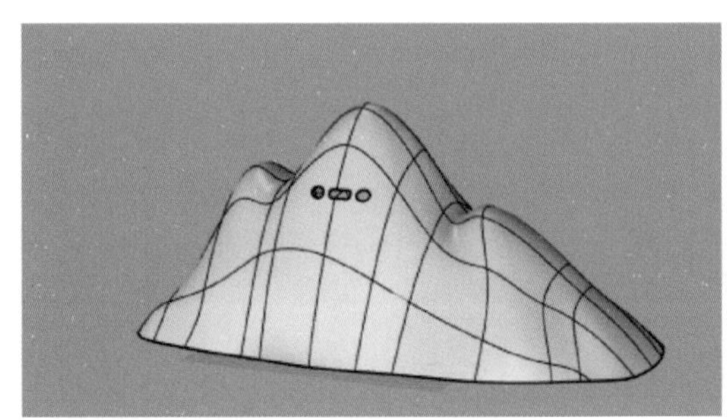
▲ 加湿器模型

▲ 加湿器内部零件

▲ 加湿器内部整体零件

四、设计作品说明

“呼噜山”卧室用品系列设计，根据对民间故事“呼噜山”的调查研究确定主题与造型，设计了加湿器香薰组合床头灯系列，使其既具有加湿功能和照明功能，还具有改善环境气味的功能，是一款集三大功能于一体的卧室用品。

▲ 床头灯“远山”

▲ 床头灯“峻岭”

▲ 床头灯“太湖石”

▲ 加湿器香薰组合床头灯

▲ 整体效果展示

第五章　家用医疗设备设计

家用医疗设备又称家用医疗器械。家用医疗设备的主要使用环境是家庭，它与医用的医疗设备不同，具有针对性强、结构小巧和操作简单的特征。通过加强对人的特性及使用性的研究分析，充分考虑用户在功能、心理和审美等方面的需求，从而最大限度地适应特殊用户的需求。本章通过妈妈知了胎心监护仪这一案例的设计与探索来进行充分说明。

第一节　家用医疗设备设计概述

一、家用医疗设备

社会是一个矛盾的综合体，人们在没钱的时候，总是牺牲健康去换取金钱，一旦拥有了金钱，人们又想用金钱去换回健康。但即便是有了金钱，健康也不是轻易就能换回来的。所以，当人们意识到健康是无论多少金钱都换不到的时候，才意识到它的宝贵。由于社会压力过大，人们普遍失去了静心审视自己健康的时间，健身、休闲旅游等都成了很奢侈的事情，因此，家用医疗保健产品就体现了其特殊的作用和意义。

在医疗器械中，加强对人的特性及使用性的研究分析，充分考虑用户在功能、心理和审美等方面的需求，可使设计最大限度地适应特殊用户的需求，充分体现医疗设备在使用功能、人机关系、形态和色彩等方面对人的关怀与尊重，真正体现医疗设备的人性化设计。

近年来，伴随着“健康中国”理念上升为国家战略以后，一系列扶持、促进健康产业发展的政策相继出台。如何力求在生活家用医疗产品在保障人们的身体健康及心理平衡，关心人们的健康生活，加强人们的保健意识，增加人们生活环境中的美感、舒适感、心理平衡感及安全感等方面具有重要的意义。

二、家用医疗设备的定义与分类

家用医疗设备又称家用医疗器械。家用医疗器械主要的使用环境是家庭，它与医用的医疗设备不同，具有针对性强、结构小巧和操作简单的特征。基本上每个家庭都备有简单的医疗器械，如血压计、血糖仪、康复机等。

随着社会的进步，人们越来越关注自己的健康，但由于上班族的生活节奏普遍较快，没有太多时间住院疗养，尤其对于一些慢性疾病，需要一个漫长的监测和调理的过程。在这种情况下，某些家用医疗设备成为家庭的必需品。

家用医疗设备大致可以分为五类：急救类、诊断类、保健类、治疗类、康复类，如下图所示。

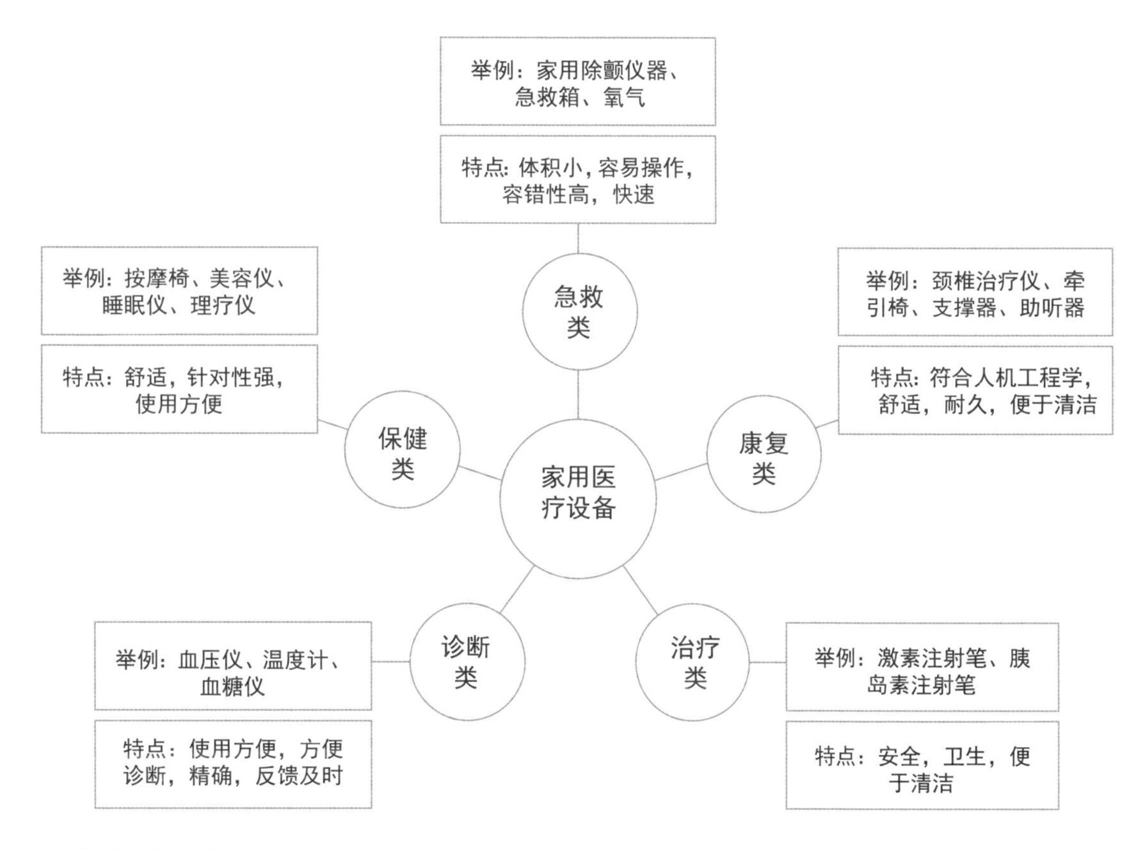

▲ 家用医疗设备的大致分类

三、家用医疗设备市场需求

据调查显示，血糖仪、血压计、按摩器械等细分品类已基本成为普遍的家用医疗设备。根据研究机构 BCC Research 的最新调查显示，全球家用医疗设备市场规模从 2010 年的 179 亿美元增至 2014 年的 229 亿美元，年复合增长率达到 6.7%。2013—2018 年家用医疗器械的市场增速为 6.52%，超过同期医疗器械母行业增速 2.12%，更高于医药市场整体增速的 3.81%。

四、家用医疗设备市场分析

在行业政策大力支持、人口老龄化加速、国民保健意识增强、家庭医疗消费能力提升，以及自主研发技术水平快速提高等背景下，我国家用医疗器械市场需求规模持续快速增长。中国家用医疗器械行业是医疗器械领域增长最快的子行业之一，居民消费升级是直接的推动力，制氧机、电子体温计、血压计、血糖仪、疾病监控系统等便携式医疗设备进入越来越多的家庭。2014 年，我国家用医疗器械市场规模是 357.8 亿元。我国医疗器械市场规模从 2012 年的 1700 亿元快速增长到 2017 年的 4450 亿元，2018 年我国医疗器械行业市场规模达到 5100 亿元。

【家用按摩仪】

【多功能美容仪】

【家庭电子体温计】

【家用电机去纤颤机】

【家用胰岛素注射器】

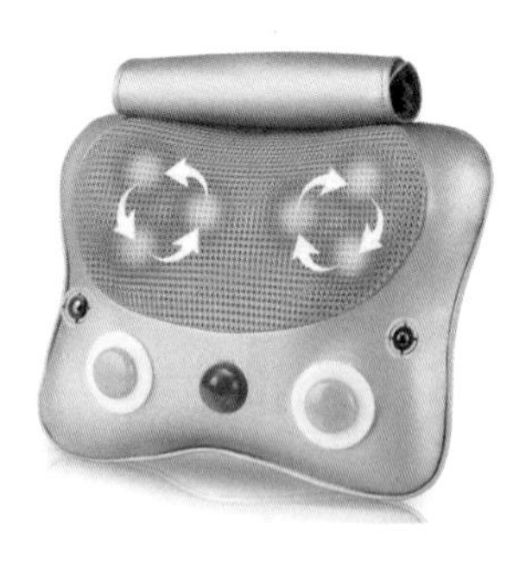
▲ 家用按摩仪

▲ 多功能美容仪

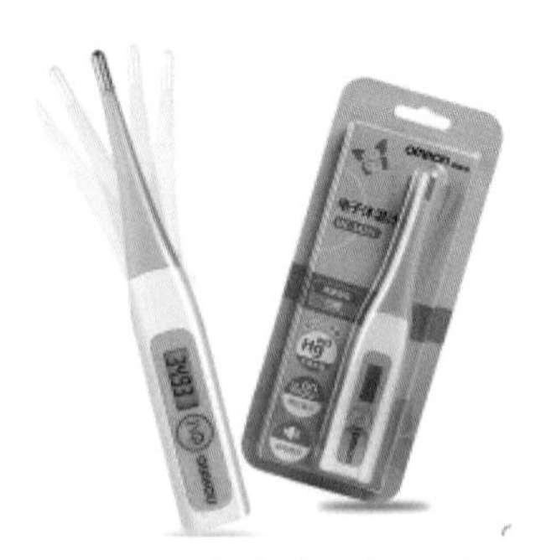
▲ 家庭电子体温计

▲ 家用胰岛素注射器

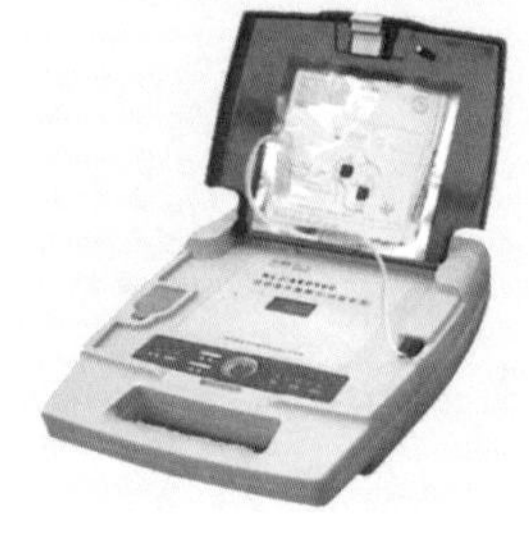
▲ 家用电机去纤颤机

▲ 家用智能投影仪

五、家用医疗产品的主要设计趋势

1. 2000年的医疗设备

(1) 设计特点

设备庞大，体积大、占地面积大，色彩通常采用白、灰、灰蓝等冷色调。操作复杂烦琐，专业性太强，需要专业人员操作和分析检测结果。

(2) 用户体验

体积庞大，机械性强，使用感冰冷，操作方式和操作流程专业性太强，不利于大范围推广使用，只能作为医院专用的检测仪器。另外，设备的价格昂贵，一般家庭无法承担。

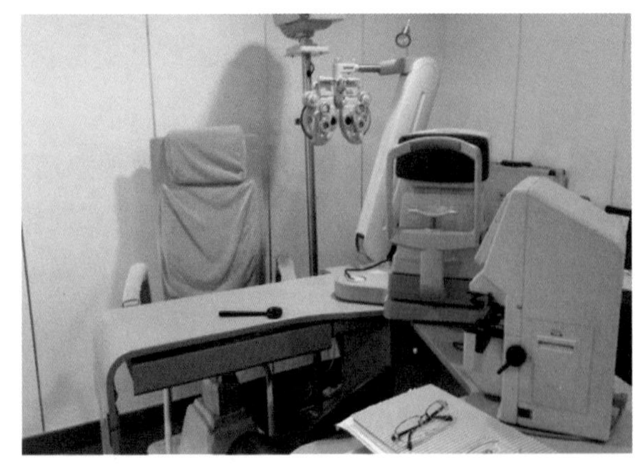

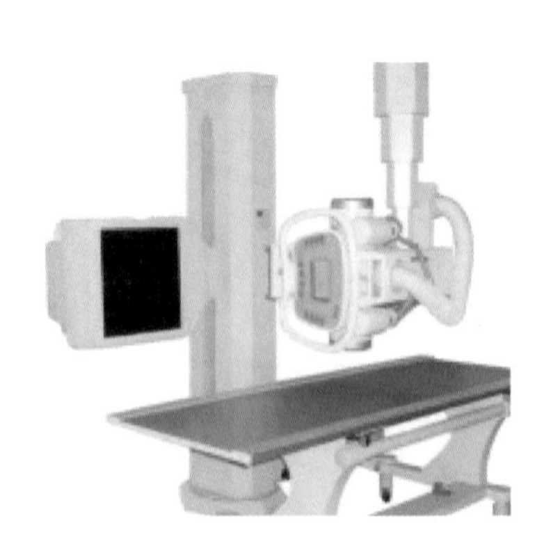

▲ 2000 年的医疗设备

2. 2010年的医疗设备

（1）设计特点

家用血压测量仪的机身采用磨砂材质，防滑，易于手拿，整体外观呈梯形设计，便于直接观看。机身较重，大约 350g，稳定性强。侧面可以看到表面覆盖的一层光滑的类似 2.5D 玻璃的材质。

（2）用户体验

作为一款血压计，在操作方面与老式的传统手臂式血压计没有太大区别，一键即可完成测量，同时大屏幕会显示测量数据并伴有语音提示，易学好用，平时也可以用来看时间。

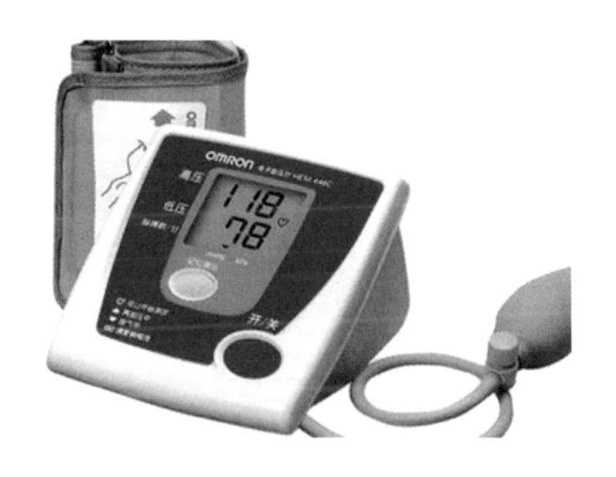

【血压计】

▲ 2010 年的医疗设备

3. 2016年的医疗设备

（1）设计特点

智能手环的主体一般采用医用橡胶材质和记忆橡胶材质，这种材质天然无毒。手环的外观设计高档、时尚大方，不仅具有运动健康秘书的功能，还具有时尚配饰的功能。通常有多种颜色可供选择。

（2）用户体验

手环的测定模块与腕带实现分离设计，能够让用户根据自己的心情随时更换搭配腕带颜色，有更好的佩戴体验。建议更换手环腕带的材质，经试用后发现，长时间佩戴会出现腕带变硬的不良感觉，可以更换为更加柔软的材质。另外，手环说明书里缺少手环电池电量、防水等级等重要参数的说明，后期会增加，方便用户使用。

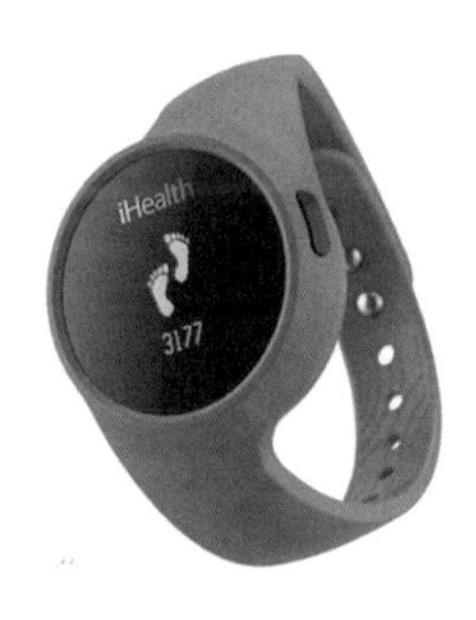

【智能手环】

▲ 2016 年的医疗设备

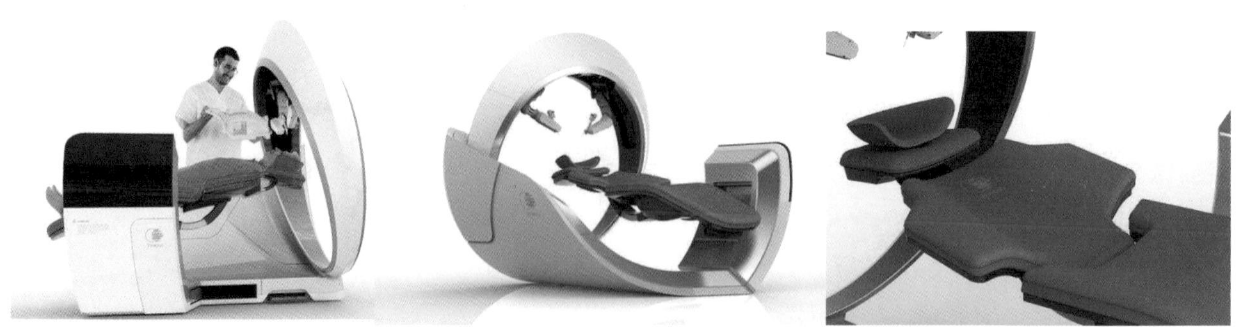

▲ 大型医疗设备

4. 医疗产品的发展趋势概述

（1）应用趋向智能化

对于便携式医疗设备来说，智能化是消除使用者知识层次差异的一种方式，如设备自带引导视频、语音提示等智能化信息服务，可以解决特定人群入门难的问题；针对不同人群，开发适合其功能需求的智能化设备，将是智能化、定制化的实际应用方向。

（2）设备趋向网络化

随着通信网络和互联网的迅速发展，医疗个体可以通过网络设备将其作为整个医疗体系中的一员，加强某些资源的共享。目前，通信网路基本处于4G时代，我国部分地区已经实现了城市的数字化医疗、远程医疗、移动医疗，可以给人们提供必要的手段进行医疗求助、远程诊断、健康移动监控等。

（3）技术趋向合作化

目前我国的科技水平与发达国家存在一定的差距，单从高精端的医疗设备来说，几乎全部被欧美发达国家垄断。我们寻求自主发展的过程中，要博采众长、补己不足，从发展的状况看，国家及本土医疗企业都在寻求国际化合作的道路，以争取这个行业中的一席之地，同时寻求自主创新的道路。

目前世界上的诸多高科技企业逐鹿医疗设备行业，如微软和通用电气公司（下文简称通用）合作开办医疗 IT 集团，高通组建生命子公司进军移动医疗终端行业，英特尔和通用合作专注远程医疗和独居老人护理等业务，微软和飞利浦在放射诊断领域的合作等。国内一些通信企业也参与医疗行业，如移动、联通、电信都相继推出自己的医疗解决方案，助力远程医疗、移动医疗、数字医疗、智能医疗等。从上述信息可以看出，将来的医疗行业将是百家争鸣、群雄逐鹿的技术高地，国际化的合作将更加紧密。

（4）应用趋向个体化、家庭化

在以疾病为中心向以健康为中心的医学模式转变过程中，面向基层、家庭和个人的健康状态辨识和调控、疾病预警、健康管理、康复保健等方向正在成为新的研究热点，进一步对医疗器械领域的创新发展提出了新的需求。便携式医疗设备在此过程中发挥着至关重要的作用。

随着物联网技术、互联网技术等的逐步发展，人们看病的方式也逐渐发生变化，一些疾病的诊治和预防已从以医院为中心的就诊方式中脱离出来，逐步发展为以社区医护为主，个体化、家庭化医护为辅的医疗模式。类似手机消费模式一样，家用医疗设备未来将走消费类电子路线。

第二节　家用医疗设备设计程序与方法

一、用户体验与产品设计

产品设计是把一种计划、规划设想及问题解决的方法，通过具体的操作，以理想的形式表达出来的过程。用户体验贯穿整个产品设计的过程，在产品设计的各个环节有不同的表现形式和评价标准。其流程见下图。

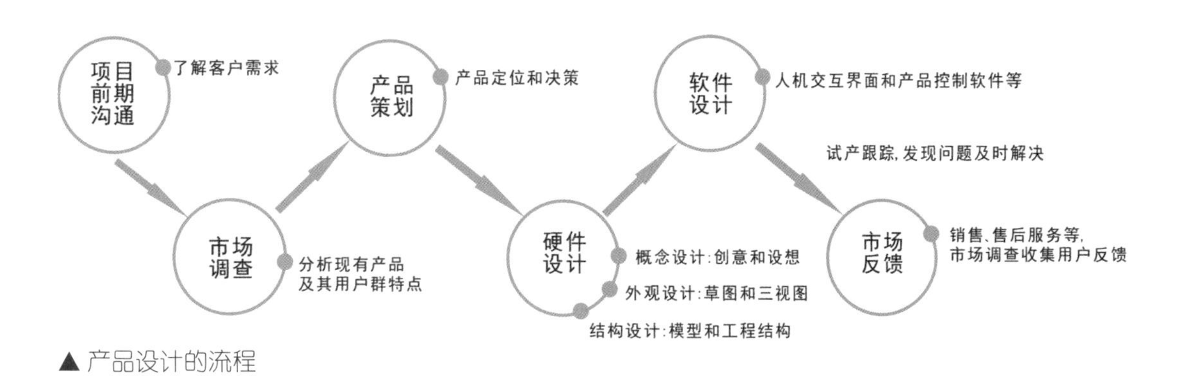

▲ 产品设计的流程

二、用户体验设计的目标

研究“用户体验设计”的目的是了解用户的使用目的和真实需求。运用设计流程和方法准则，设计出具有良好用户体验的产品。满足用户的可用性、易用性，进而达到爱用、想用，最终促进品牌的延续性。具体细分为以下四个方面。

（1）可用性

可用性即产品的目的性，这是产品最根本的目标，用户为什么要使用这款产品，它满足了用户哪些方面的需求。

（2）易用性

“用户体验设计”的另一个目标就是易用，在产品可用的基础上，还要方便用户使用，使用户满意。产品的功能并不是越多越好，而是在产品设计上突出某项功能，将此功能做到极致。还有就是产品语意的可视性和直观性，让用户不需要太多的学习成本就能够很熟练地使用产品。

（3）友好性

“用户体验设计”的下一个目标是产品的友好性。产品设计应该注重设计的每一个细节，从产品造型、材质、色彩等各个方面考虑产品的友好性，这样用户才会喜欢这款产品。

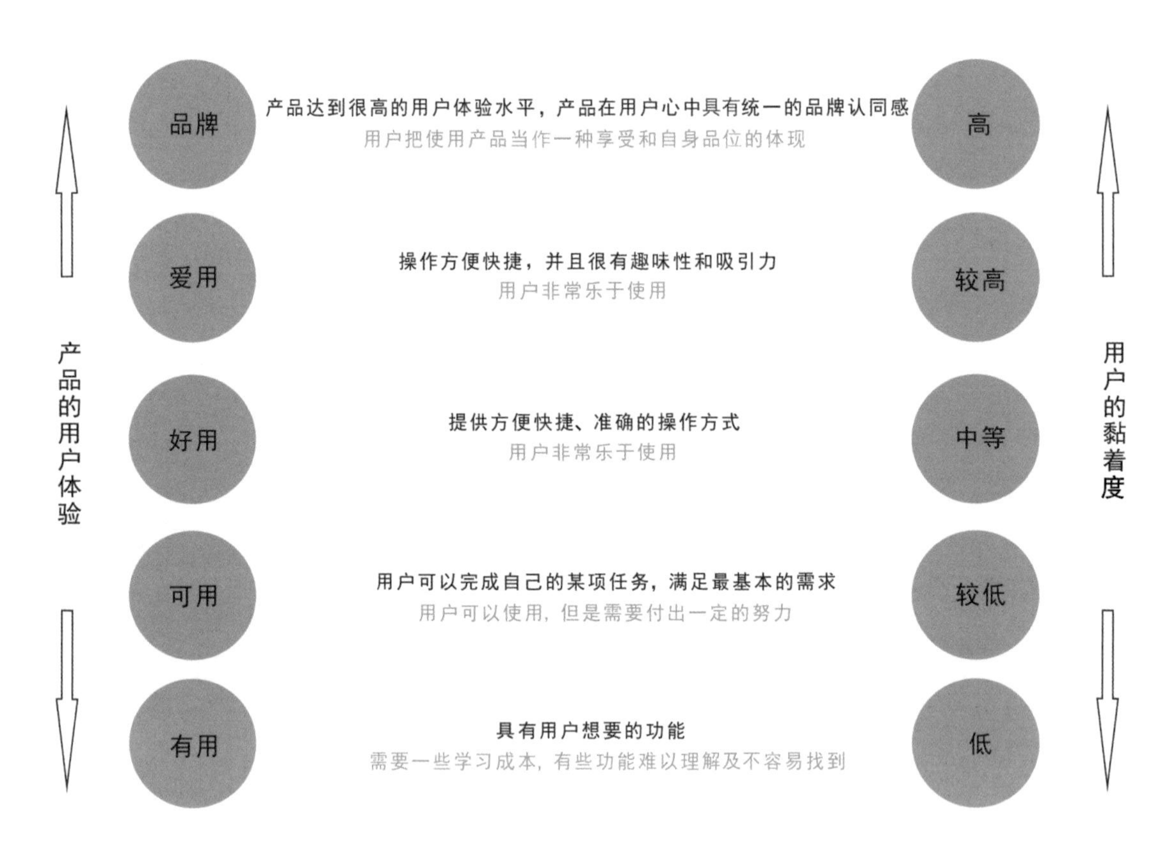

▲ 产品用户关系和用户黏着度关系图

(4) 吸引力

“用户体验设计”的最后一个目的就是让产品产生“吸引力”。吸引力建立在产品可用性、易用性、友好性的基础之上，用户喜欢使用产品，进而会有越来越多的人成为产品的用户，产品就会越来越有吸引力。

三、家用医疗设备的用户体验设计流程

根据前文的提升产品用户体验的概述与设计目标，并结合家用医疗设备的特点、适用人群和使用场景，以及使用任务的特殊性，总结出一套针对家用医疗设备的设计流程。

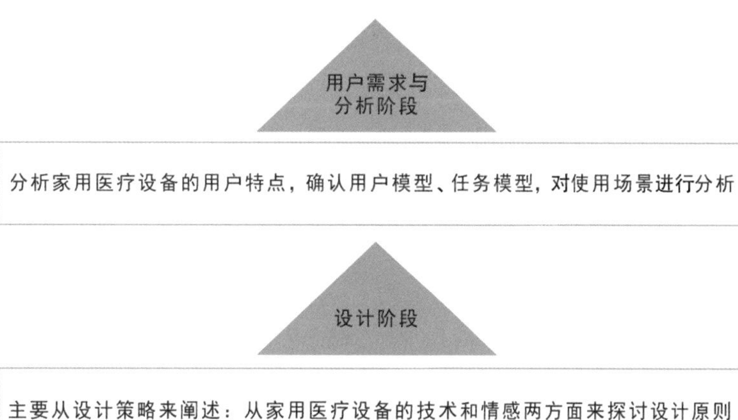

▲ 家用医疗设备的用户体验设计流程

四、用户需求分析阶段

1. 家用医疗设备的用户

家用医疗设备的种类众多，同一产品对于不同的用户群体有着不同的侧重点，其表现出来的形态结构也不尽相同。经过查阅资料和实地调研，发现家用医疗设备的用户群体主要有老年人、病人、儿童、孕妇等，他们都有使用家用医疗设备的需求。

1	生理尺寸和强度
2	使用医疗器械时的心态水平（放松的、紧张的、愉悦的、悲伤的等）
3	感知能力（视觉、听觉、触觉等）
4	协调能力（手工灵敏度）
5	认知能力和记忆水平
6	是否具备相关的医学知识或操作医疗器械的知识
7	针对某种医疗产品的使用经验（硬件或者软件）
8	对家用医疗设备操作方式的期望
9	动机
10	应对负面情况发生的能力

▲ 用户使用家用医疗设备的需求

2. 用户模型

建立用户模型，描述用户的基本特征。用户体验的设计方法在医疗器械产品设计中的应用，是建立在用户的需求和体验基础之上的，用户模型是对期望的用户进行深入分析。家用医疗设备的用户人群的重要特征见下图。

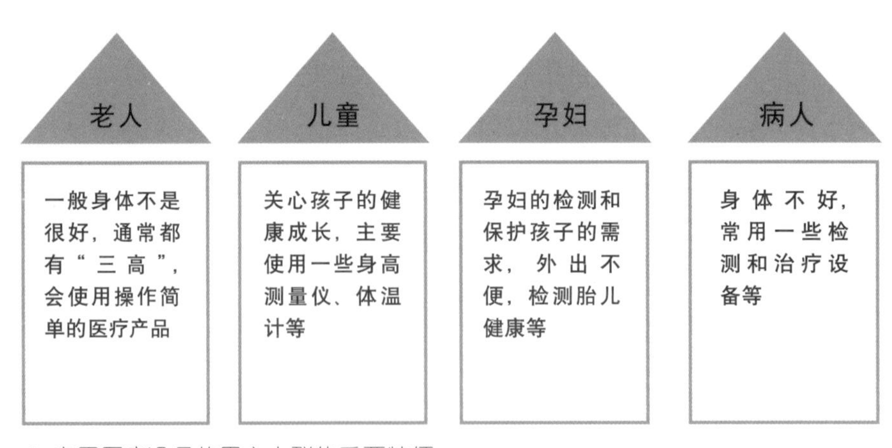

▲ 家用医疗设备的用户人群的重要特征

五、任务流程

针对不同的家用医疗产品，在不同的使用环境下，用户的操作任务也是不同的。

任务模型能够帮助设计师了解到：现有的医疗器械有哪些优点和不足；更加明确用户的需求，改进自己的设计；用户对于我们的产品有什么建议等。

用户要想成功地完成一次血糖检测，需要进行“换针－采血－吸血－读数－废弃物处理”一系列操作。通过对用户的访谈和研究发现，家用血糖仪主要针对的用户是老年人，复杂的操作步骤对于他们来说是一种负担，所以设计师应该简化用户检测时的操作流程，使人们更便捷地进行血糖检测。

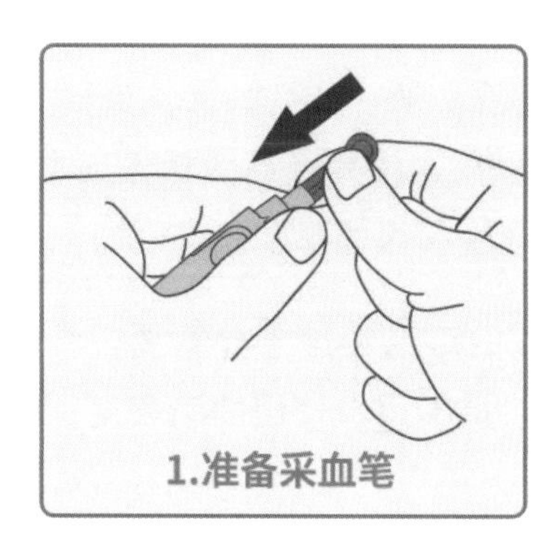

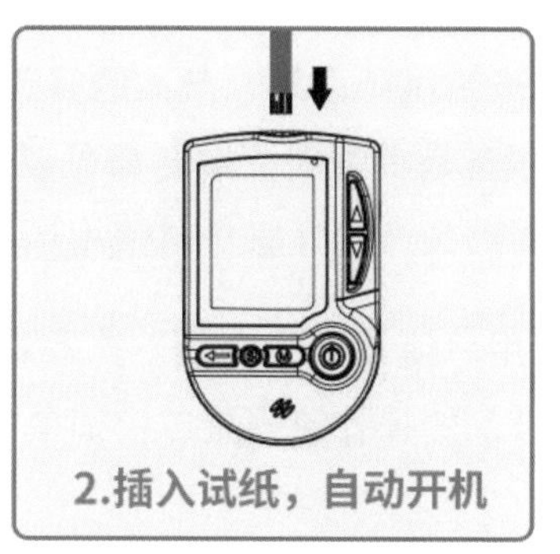

【血糖仪】

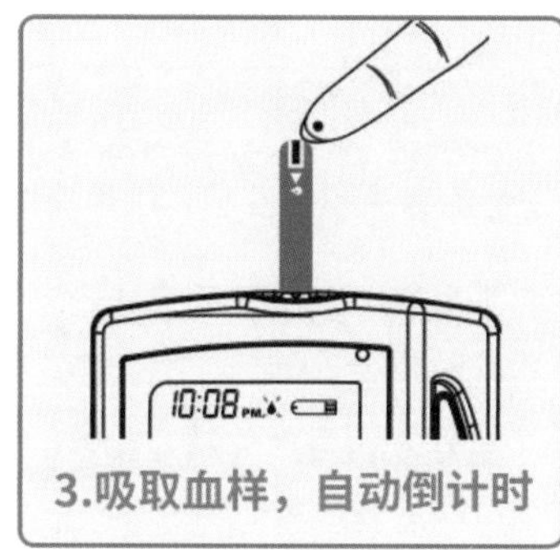

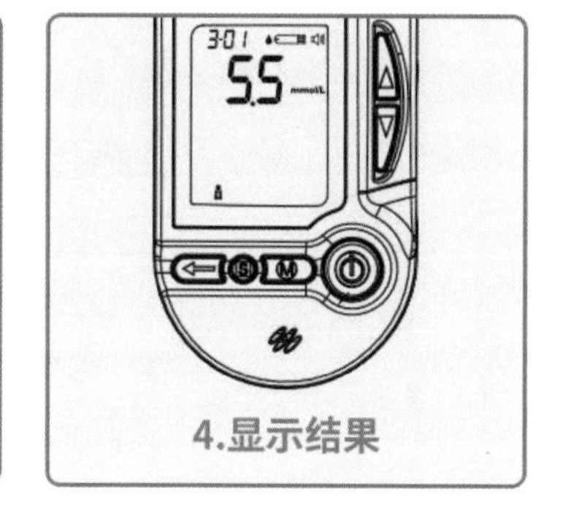

▲ 血糖检测流程图

六、家用医疗设备的可用性设计

产品的可用性设计准则运用在家用医疗设备中，根据设计（产品和环境）的特点，反映了可用性设计的基本特征。以下是家用医疗设备的可用性设计分析。

	家用医疗设备的可用性设计分析		
全部的目标	有效性的测量	效率测量	满意度测量
	目标完成的百分比； 用户成功完成操作任务的百分比； 完成操作任务的正确率	完成操作任务的时间； 错误发生的次数； 操作任务执行的资金消耗	满意度的各个级别比例； 抱怨发生的次数； 过去时间的使用率

▲ 家用医疗设备的可用性设计分析

七、家用医疗设备的设计评估与使用

产品用户体验评估的关键性指标是可用性，可用性主要从三个方面来看：有效性是指用户是否能够正确有效地完成产品的使用操作；效率是指用户是否能够高效快速地完成产品的使用操作；满意度是在使用过产品之后对产品的一个整体的感受，对产品的满意程度。

在家用医疗设备设计评估中，如完成任务的时间是检测设备可用性的重要指标，如果用户在某个子任务环节耗时很多，我们就会考虑这个环节的任务设置是不是有问题，界面展示的信息是否合理。

产品的可用性一般包含以下两个方面。

① 在未使用产品时，产品的操作是否易学，产品的操作流程是否简单，界面是否友好，产品语意是否直观，这些都可以减少用户使用产品的操作成本；良好的造型设计也能让用户对产品产生好感，对使用产品产生积极的影响。

② 在用户使用产品之后，产品操作的难易程度十分重要，尤其是对使用频率很高的产品，产品的操作流程更应该简单，以提高用户使用的满意度。

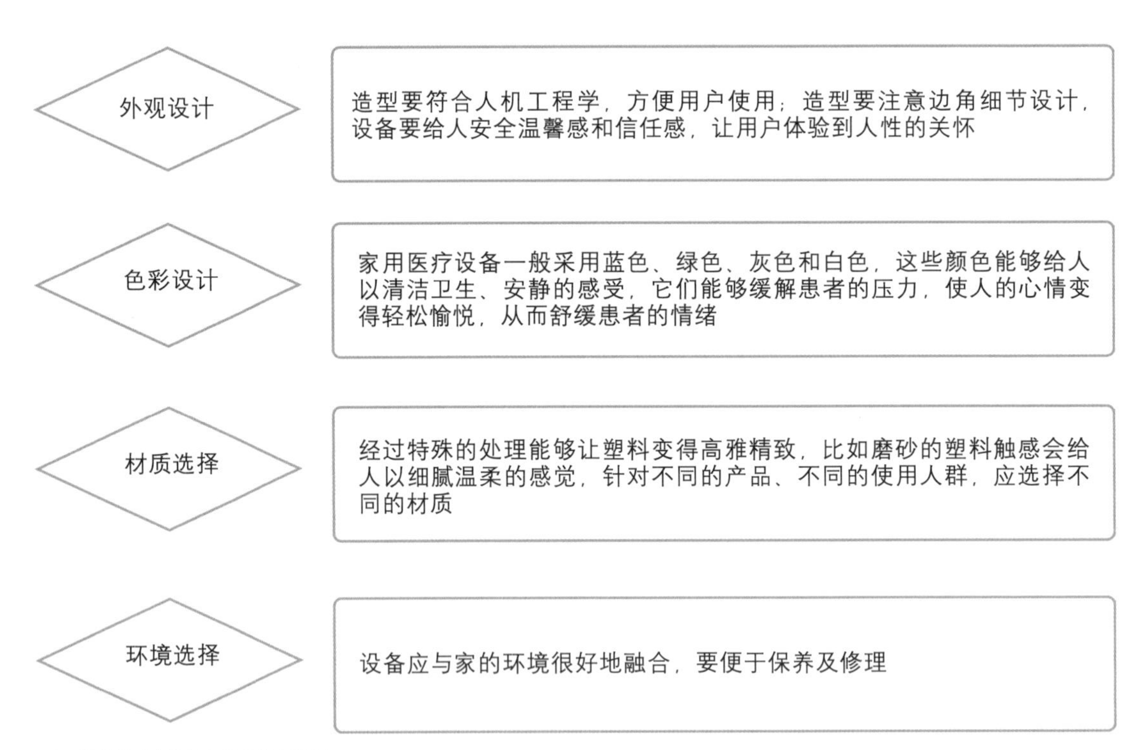

▲ 家用医疗设备的设计评估

八、家用医疗设备用户体验设计方法

1. 情感与可用性

之前的用户体验理论，基本上都是研究者基于自己特定的视角或关注的领域，对产品的用户体验设计所进行的定义，而且重点关注的是产品的可用性，因为它是产品的用户体验设计的辅助原则，同时也是评估产品用户体验好坏的关键性指标，缺点是没有过多地考虑产品的情感设计。

产品的根本目标就是实现其使用性，好用的产品也会更加吸引人。情感设计的目的：首先是让用户注意到该产品，激发人们购买的欲望；其次，用户在使用过程中的正面情感，能够让用户更好地使用产品并感受产品的可用性。

如下图中的两款血糖仪，它们的造型不同，但是从视觉上来看，人们可能会更喜欢左边欧姆龙的血糖仪，因为这款血糖仪的造型看起来更圆润优美，配色大方，尺寸也正好适合手部操作，所以人们会对它产生好感。优秀的产品造型设计会让人产生了积极的情感，有了对产品的这种好感与信任，会让人觉得产品更加好用。

【尿液分析仪】

【验血仪】

【除颤机】

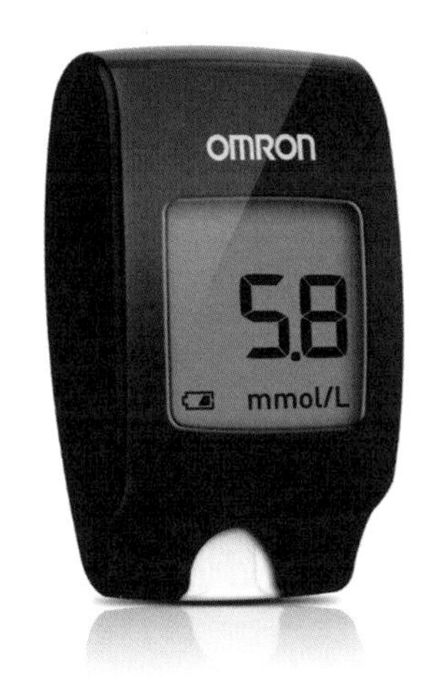

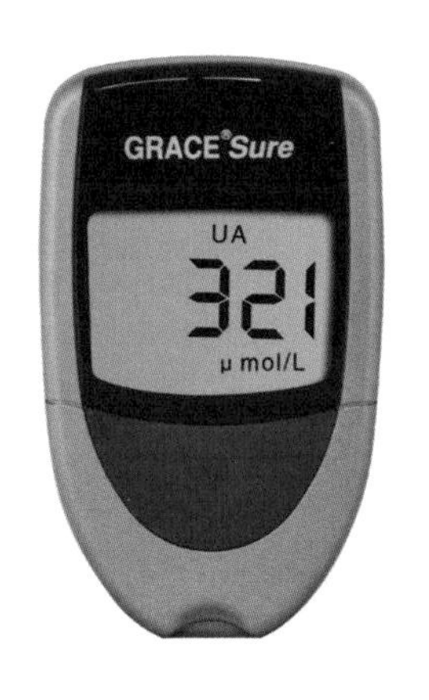

▲ 不同造型的血糖仪

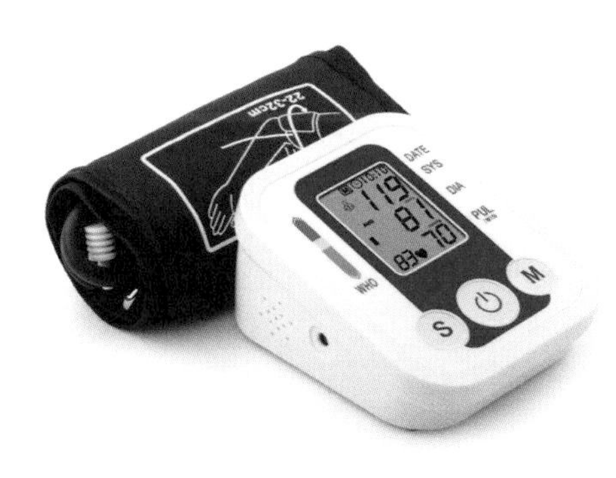

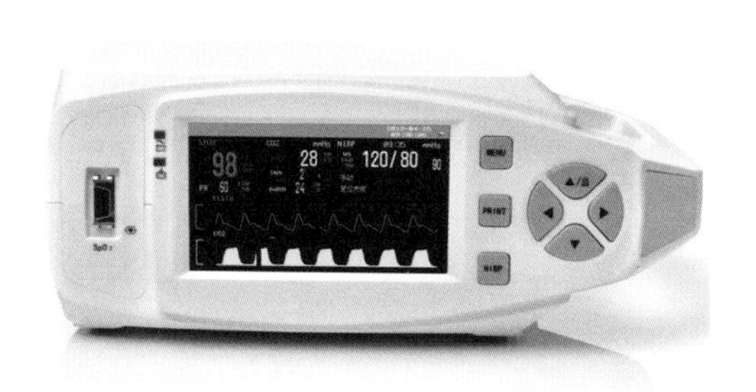

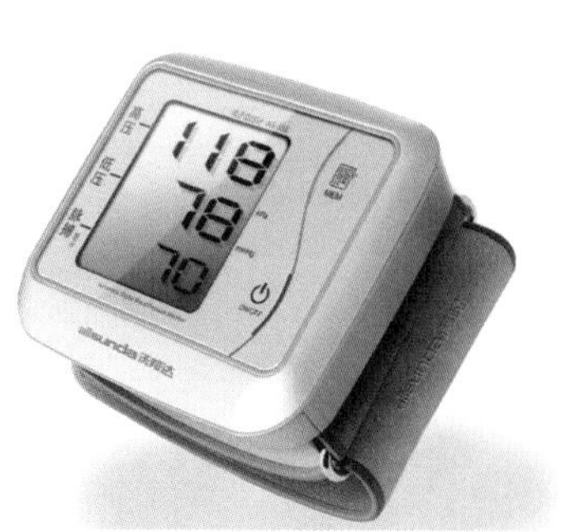

▲ 不同造型的家用医疗设备

2. 情感化设计原则

这里所说的情感化设计，不是将情感设计作为目的，而是将它作为一种手段和方法，设计师通过赋予设计物以情感，帮助人们更好地使用产品，更好地实现产品的目的性。设计物的造型之所以能够赋予人某种情感体验，其心理机制至少体现在以下三个层次上。

① 造型要素及这些要素的组合直接作用于人的感官从而引起情绪的变化。

② 造型要素使人们有意识或无意识地联想到相关联的情景和物品。

③ 形式的象征含义。符号具有既定的意义，是创造者有意识采用的符号语言。观看者通过对形式意义的理解而体验相应的情感，所以，当观看者与创造者具有相同的“认知体系”时，象征才具有意义。例如，不同造型的椅子给人感观上的不同感受：棉织品柔软的造型给人温暖的感觉；尖锐前卫的椅腿给人害怕的感觉；仿生设计让人联想到现实中的实物；木制的椅子给人自然环保的感觉。

造型使人们产生的情感体验往往是由于产品各要素之间的整体而产生的，并不是哪一个单一的要素来决定的。产品的情感设计法则包括以下几种关系。

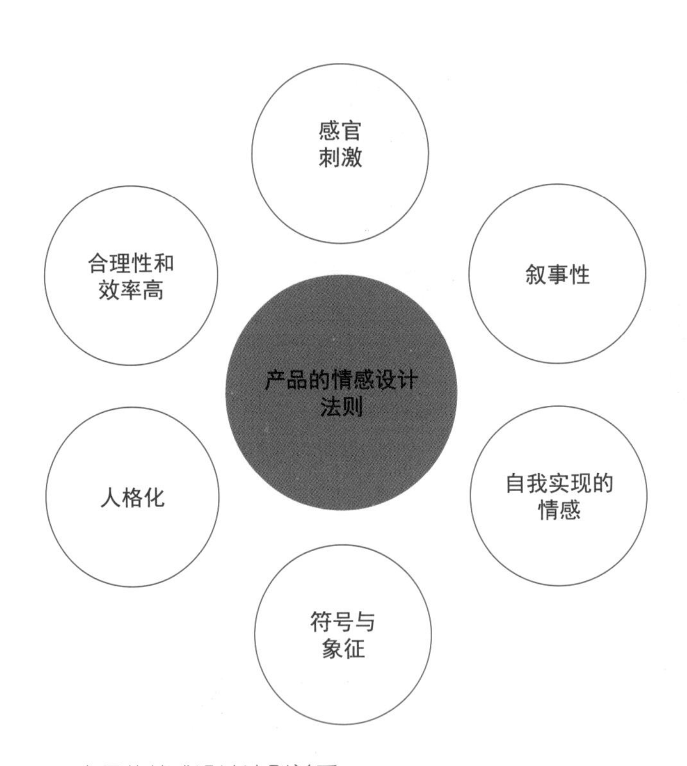

▲ 产品的情感设计法则关系

3. 家用医疗设备的用户体验设计特点

用户体验是所有产品设计需要考虑的，以下针对家用医疗设备的用户群体、操作任务和使用环境三方面进行分析。

（1）用户群体

因用户群体的特殊性，在满足用户的使用目的的基础上，应更加注重设计物的情感。家用医疗设备的用户主要是老人、病人、孩子和孕妇。在实现产品的目的的基础上，更应该考虑设计的人性化，考虑用户群体的特殊性。并且在后面的设计过程中将这些因素考虑进去。

（2）操作任务

更加注重操作流程的易学性和简洁性。首先，要具备易学性，在初次使用产品时，就应知道如何操作，这要求产品具有较强的产品语意，其表达要直观。其次，因为家用医疗设备针对的用户是家庭成员，所以操作不能太复杂。

（3）使用环境

便于携带，便于清洁，与家庭环境融合。家用医疗设备的设计需要考虑到家庭的使用场景，因为在家里，是比较自由的，随时随地的，因此产品应是便于携带的；再者，家里没有专门的消毒工具，所以设计的产品应该是便于清洁的；家用医疗设备还应当与家庭的环境和谐融合。

第三节　家用医疗设备设计案例分析

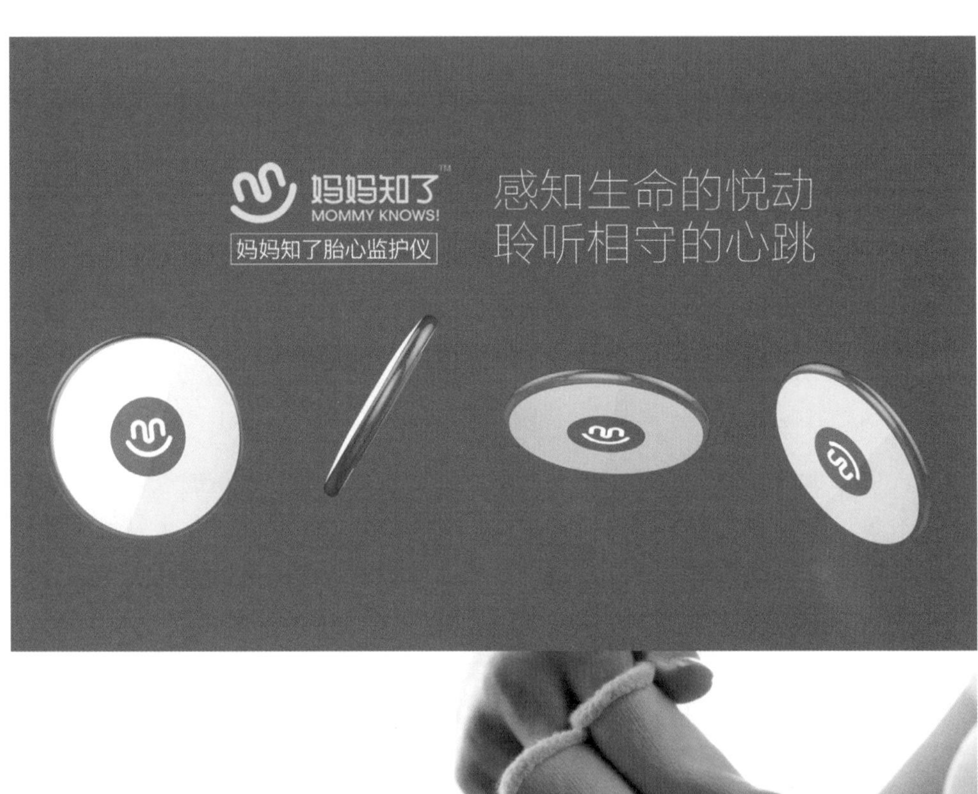

【胎心仪 1】

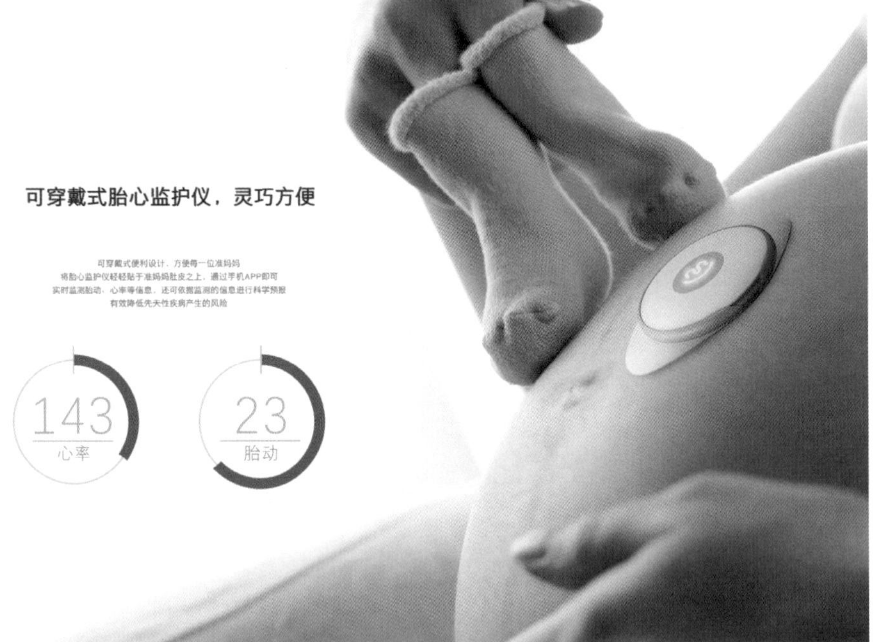

▲ 孕育生命是一段幸福美妙的时光。每一位准爸爸、准妈妈都满载着幸福与喜悦期待小生命的到来。但是，在宝宝出生之前，孕妈妈该如何了解腹中宝宝的生长发育情况呢？如何确保腹中宝宝正在健康平安地成长呢？除了每次产检进行的一系列检查之外，平时在家里通过家用胎心仪进行胎心监护，便是一种轻松方便了解胎儿宫内状况的好方法。

一、用户需求分析阶段

根据前文研究的针对家用医疗设备的用户体验设计流程与设计策略，结合本章第一节对于胎心仪的研究与分析，总结出胎心仪的用户体验设计流程：用户需求分析－设计－评估。

1. 目标用户群确定

胎心仪的主要用户是孕妇，孕妇是指处在妊娠期的女性。妊娠期是指受孕后至分娩前的生理时期，一般为266天左右。为了方便计算，妊娠通常是从末次月经第一天算起，足月妊娠时间约为280天（40周）。

【胎心仪2】

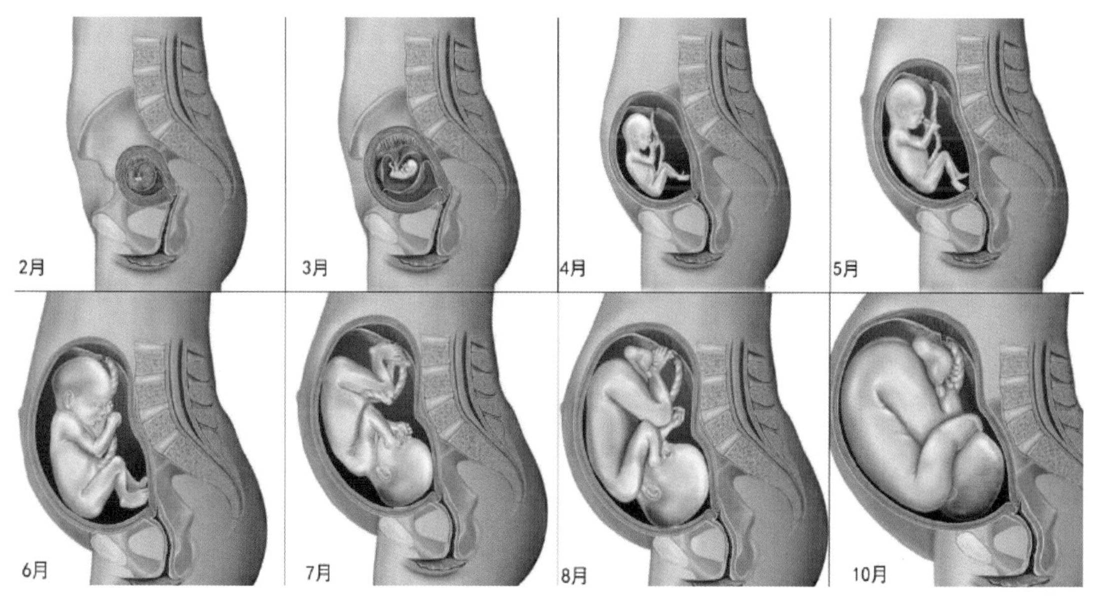

▲ 妊娠期胎儿发育图

2. 孕妇特征及需求

受孕后的妇女生理和心理状态都会发生非常大的变化。在心理上，除了因为新的生命到来的喜悦外，同时怀孕也会给孕妇带来一系列负面情绪。对孕妇进行孕期心理疏导、减轻孕妇孕期的压力，对于帮助孕妇保持平和的情绪和愉悦的心境，以及减轻和消除产科疾病有重大意义。通过研究孕妇孕期心理压力状况，我们总结出孕妇孕期心理变化及相应需求。

下面七种心理压力源都是在调研中占比较高的孕期心理压力，从中也可以得出，孕妇在妊娠期间会存在较大的心理波动，担心胎儿能否安全分娩的焦虑、担心分娩时疼痛的焦虑，这些都需要孕妇增加对安全分娩的认知，陪伴分娩、镇痛分娩、心理疏导服务等能

孕妇孕期心理压力	人数	百分比	压力排名
担心胎儿能否安全分娩	28	80%	1
担心分娩时疼痛厉害	26	74%	2
担心胎儿是否健康	20	57%	3
因为身体外形和身体活动的改变而引发的压力	15	43%	4
认同父母角色引发的焦虑	12	34%	5
因计划外怀孕而引发的压力	5	14%	6
因家庭经济状况而引发的压力	4	11%	7

▲ 孕妇孕期的七种心理压力

为产妇提供生理和心理上的支持。另外，对胎儿是否发育正常的焦虑，则需要孕妇定期到医院孕检，并使用相应的家庭医疗产品辅助进行监测。

3. 胎儿监测需求

在孕妇孕期需求系统中，除了关注孕妇自身的变化外，还有一个不能忽视的关注对象，也就是胎儿，对胎儿的各项生理指标进行监测以确保胎儿正常生长发育是一项非常重要的任务。

【胎心仪 3】

胎心监测的意义：胎心率（Fatal Heart Rate）指胎儿每分钟心跳次数，又称胎心音，是检测胎儿健康状况的重要指标。临床实践中，通常需要通过监测胎心率来评价胎儿是否在子宫内暂时性缺血、缺氧，避免因此引发的胎儿营养不良、生长发育迟缓等病症。同时胎心率也可以反映胎儿的心功能状态和胎儿的中枢神经的状态，因此在有胎心异常时，孕妇需及时分析情况以便作出正确的判断及处理。

4. Persona与心理需求

该访谈一共与四位女士进行了交谈（见下表），了解他们对于孕期的了解和心理概述。通过对访谈结果的分析与总结，确定了以下用户的基本情况描述和心理需求。

人物角色	基本情况描述	心理需求
李思雨，年龄 32 岁，公司白领	这是我第一次怀孕，但是我完全不知道怎么对待这件事。我知道，一些不好的情绪会让我焦虑，同时也对我腹中的宝宝健康不好，所以我会经常去医院检查，去了很多次	在整个怀孕期间，我是非常焦虑的
晓宇，年龄 27 岁，设计师	怀孕期间，我经常会为了腹中宝宝的一点点小动静焦虑甚至哭泣，我知道孕妈妈的情绪对于宝宝的未来有很大影响，可我真的很担心腹中宝宝的情况	产前焦虑综合症让我非常难受，我渴望了解体内孩子的状况
陈婕妤，年龄 25 岁，公司白领	我非常期待宝宝的到来，我和我的爱人都渴望聆听她的声音，哪怕是一声心跳都让我感到非常的快乐，我喜欢这个即将来到这个世界上的孩子，如果有一个办法能让我随时随地了解孩子的状况就好了	我渴望有一个产品可以解决我和我腹中宝宝的沟通问题
林苏，年龄 25 岁，妇产科护士	我在医院从事产检工作 3 年了，发现很多孕妇缺乏孕期准备，即使是孕期最常见的问题，都不知道如何处理，还辛辛苦苦地跑来医院，我觉得她们真的是特别辛苦	来医院做产检的准妈妈似乎对怀孕的知识一无所知，都挺茫然的

5. 孕妇孕期需求系统

根据前面对家庭环境中孕妇的基本情况描述和心理需求分析，最终可以将孕妇孕期需求系统分为以下五大类，如下图。

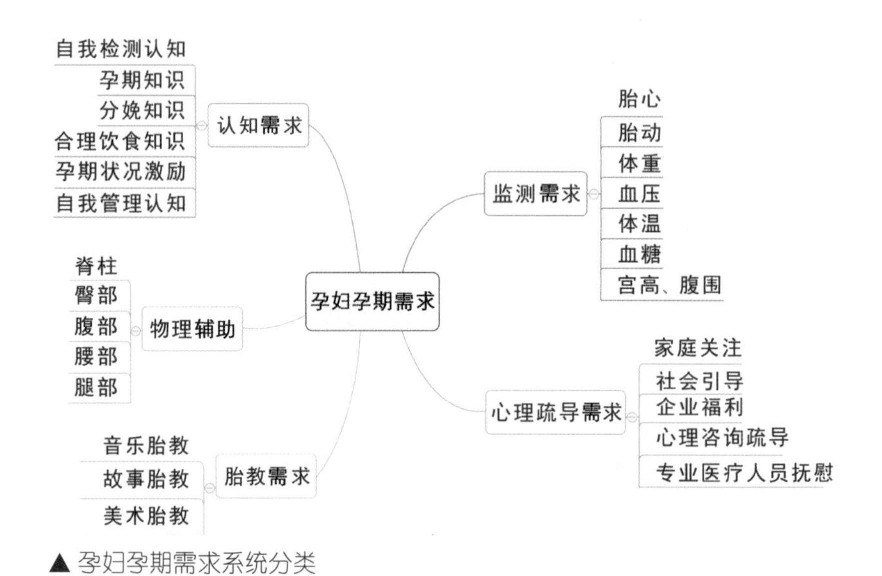

▲ 孕妇孕期需求系统分类

监测需求：孕妇在孕期，为了保障自身及胎儿健康，需要进行一系列的检查及监测。

认知需求：孕妇（尤其是初次生产的孕妇）往往因缺乏足够的孕产知识而产生各种心理压力及对胎儿需求的忽视，需要加强自我满足孕期的认知需求。

心理疏导需求：工作中的孕妇会因这一特殊生理时期压力大增，因而非常需要社会及家人的关注、鼓励和支持。

物理辅助：孕妇在妊娠期间会发生各种生理变化，而且会随着孕周的增长变化越来越明显，孕妇需要参与适宜且适量的运动以减轻身体负担。

胎教需求：通过各种胎教刺激孕妇和胎儿的听觉神经器官大脑细胞的兴奋，促使母体分泌出一些有益于健康的激素等，促进腹中的胎儿健康成长。

6. 设计流程构想

根据以上需求系统，设计师开始着手设计面向孕期的产品服务系统。在这个系统中，最终希望建立医院和家庭之间、孕妇与家庭成员之间的信息互通和共享。因此在方案的表述上，设计师主要从信息流向的角度来传达这项服务。

如下图所示，图中根据信息的流向列出了不同的服务发生场景、服务接触点、对孕产家庭提供的信息内容等。整个服务的过程就是胎儿健康信息和健康护理知识在不同的情境下，通过不同的设备在不同的用户角色中流动的过程。

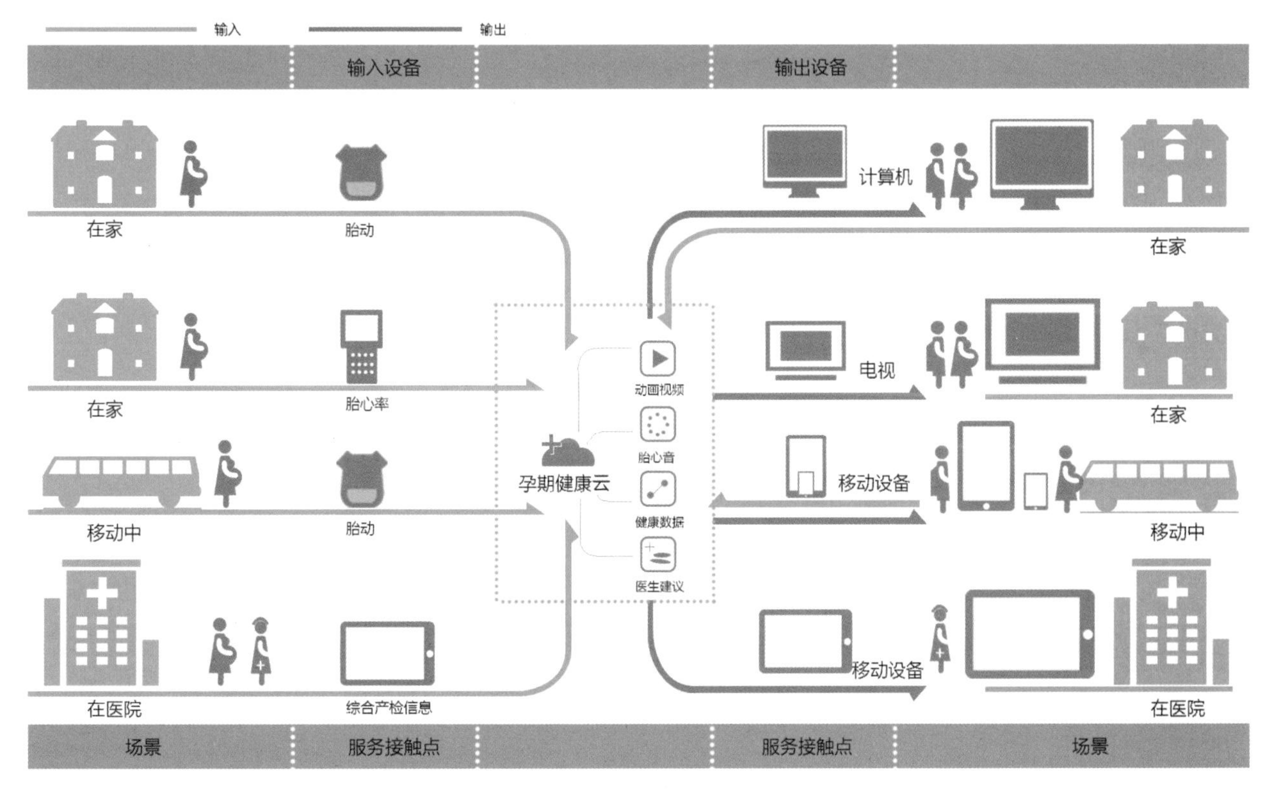

▲ 从信息流向的角度传达产品服务系统

7. 使用场景分析

对于工作中的孕妇，其在工作日的主要活动按时间序列分别为：晨起→通勤→工作→午餐→午休→工作→通勤→晚餐→外出→回家，其主要活动场所包括家庭、在外（移动状态）、工作场所和在外固定某处。研究者从中选出六个场景，如下图所示，分别为：①家中晨起；②工作；③晚餐；④晚餐后外出；⑤晚上在家中；⑥在商场或其他地方。在以下特定的场景中，研究者提取出与研究内容相关的特定情境，并加以解释，以此来激发设计灵感。

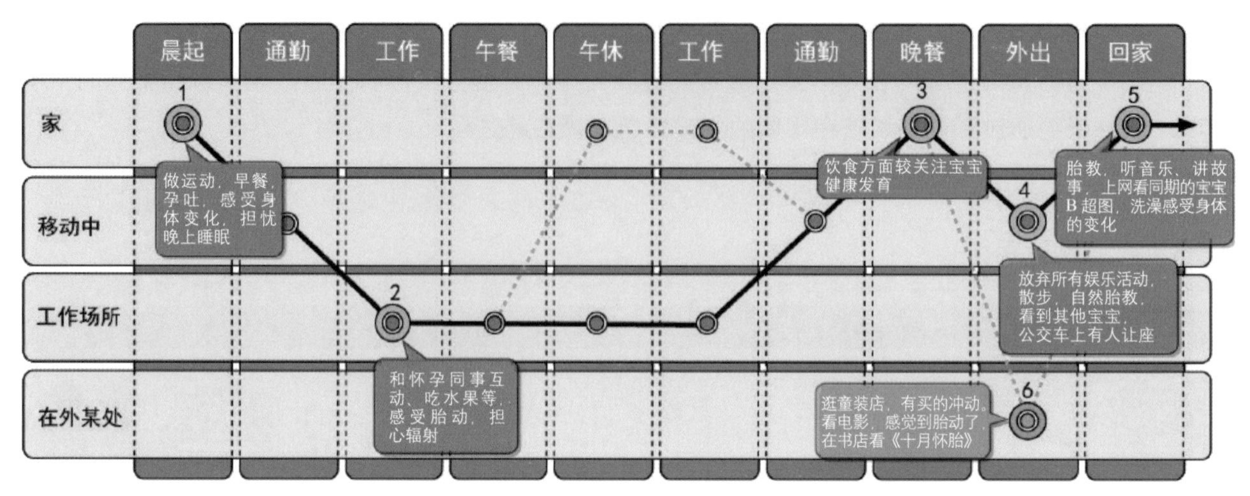

▲ 使用场景分析

二、设计方案阶段

1. 创意草图

下图为胎心仪的设计草图。在右侧提供重置键、蓝牙键、USB 插口和 USB 指示灯。通过蓝牙键可以把测量的胎心率信息上传至云平台，医生和家人都可以实时地了解胎儿的胎心状况。底面为橡胶质滑轮，用来调节胎音的音量。外表皮采用光滑的塑料，这样在使用耦合剂后容易擦拭干净。设计流程：用户需求分析 – 设计 – 评估。

▲ 胎心仪设计草图

▲ 创意效果图

2. 可穿戴式胎心监护仪

该产品设计成可穿戴式，方便每一位准妈妈将胎心监护仪轻轻贴于肚皮上，通过手机APP即可实时监控胎动、胎心率等信息，还可依据监测信息进行科学预报，从而有效地降低先天性疾病所产生的风险。

3. 设计细节分析

配备了极高品质的全铝合金中框，在制造工艺上达到了相当高的水准，它的强度比一般合金提升50%，实现了耐压、抗腐性及轻巧性。

搭配食品级硅胶，这种硅胶是原产自巴西的天然亲肤硅胶，具备卓越的抗紫外线UV性和抗菌性、抗过敏性，可有效降低皮肤敏感造成的过敏现象发生，更加贴合皮肤，有更好的穿戴体验。

应用G-Sensor传感器，传统的胎心监测采用超声波或者听筒的方式进行监测，频繁使用可能对孕妇这种敏感体质存在潜在风险，也无法做成可穿戴级别。此款产品采用完全被动的G-Sensor传感器，自身不产生任何辐射和声波，使用时紧贴在孕妇腹部，通过高精度的传感器测量腹部的细微跳动，在传感器测得的运动数据序列中通过信号处理可以提取到胎儿的心率。

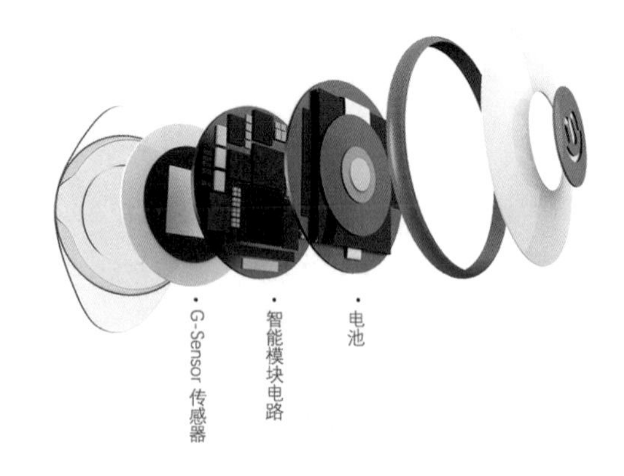

▲ 设计细节分析图

4. 多用实用性分析

我们仔细考虑了准妈妈们的顾虑和感受，创新性地推出时尚手环佩戴方式，即使妈妈生完宝宝也可以继续使用它，它能够继续监测妈妈的睡眠情况及每天的步行记录，APP 端也可以根据这些数据提供健康建议。

5. 配套软件APP设计

有了这款智能胎心监护仪，通过 24 小时数据记录与分析，准妈妈可以随时了解胎儿的情况，如胎儿有异常，胎心监护仪可以及时通过手机 APP 发出警报通知家人，有效排除安全隐患。

24 小时的实时监测，既呵护了宝宝，又关心了妈妈，这款智能胎心仪在记录宝宝心率胎动时，还能检测准妈妈的睡眠，了解准妈妈深睡与浅睡的时间，并进行准妈妈阶段性睡眠评估，帮助准妈妈改善睡眠质量。

准爸爸们可以通过 APP 为准妈妈们定制健康提醒（如下图所示），关心宝宝的健康状态等，为准妈妈们分担些许怀孕的烦恼、压力。孕育是辛苦的，孕妇不能独自承受所有压力，它需要体贴、关爱，以及更多感同身受的理解。

6. 设计评估与总结

本项目通过用户访谈、二手资料等调研方法，从孕妇生理变化及需求、心理变化及需求、胎儿监测需求三个角度分别分析，总结出孕妇在孕期的需求系统，并分为监测需求、认知需求、心理疏导需求、物理辅助、胎教需求五大类，并对这五大类需求的情感体验进行分析排序。通过对孕妇需求系统的分析及对情感化设计理论的研究，针对孕妇在特殊时期的特点，总结孕妇的情感特征，包括易焦虑、敏感、情绪波动强烈、女性特征更为明显、思维迟缓、记忆力差、易沮丧从而对后续产品设计实践中的目标人群及特征进行精准定位。

▲ 设计展示一

宝宝出生还有
243天
历史记录
最新结果
胎心率
健康
胎动18次
开始
监测
记录
问诊
购物
胎教故事
每个人都有与亲人分离、团聚的体验，每个人都会找到共鸣。
电话听心率
更多的APP
交互页面展示
利用APP录制属于你们爱情结晶的心率；一同定制独有的胎教；分享怀孕日记......孕育不是妈妈一个人的事情，是爸妈两个人的事。温馨的家庭氛围有助于胎儿的健康发育，分享孕育过程中的每一份点滴，有助于家庭氛围的建立
第175天
今天第一次听见了宝宝的心跳，开心！
监测结果
非常健康
152bpm
46次
体重
50kg
取消
确定
143

▲ 设计展示二

只需三步 轻松检测
1
打开手机APP开启蓝牙搜索与
胎心监护仪配对
2
将胎动仪安入配套的天然亲肤
硅胶片中
3
安好后贴在靠近胎心的肚皮表
面上，查看手机
1 灵巧便捷，安全放心
智能可穿戴式硬件设计，给孕妈妈最贴心的守护
实时检测宝宝健康状况，贴身安全无辐射
3 在线问诊，足不出户
检测结果可直接发送至知名妇科医生
足不出户，轻松问诊
新服务，新体验
开启妇产科问诊新模式
实时监测，易用智能 2
可实时一键检测
可自定义时间段自动开始检测
检测胎心、胎动，作出准确分析
检测结果同步更新
143
开始
有效次数
21
17
00
热搜排行，轻松囤货 4
足不出户，孕婴用品买到家
月嫂推荐，全家无忧
设计者：周才致，李婉莹，范可馨

▲ 设计展示三

第六章　玩具产品设计

玩具，泛指用来玩耍的物品。在人们固有的观念中，玩具似乎只与儿童有关，但随着社会经济、科学技术、文化艺术的不断发展与进步，涌现出不少专为成年人设计的玩具。现代玩具设计在不断的发展中与时俱进，将许多新技术、新材料、新工艺及文化元素纳入其中。本章通过对十二生肖木制玩具和办公室玩具两个案例的设计探索进行充分说明。

第一节　玩具产品设计概念

一、玩具产品概念

“玩具”泛指用来玩耍的物品，通常与儿童或者宠物有关，现在也有为成年人设计的玩具。玩玩具这一行为常常被作为一种寓教于乐的方式而被广泛应用与认可。儿童教育专家、著名教育家陈鹤琴说过：“对玩具应作广义理解，它不是只限于街上卖的供儿童玩的东西，凡是儿童可以玩的、看的、听的和触摸的东西，都可以叫玩具。”各种年龄段的人群都可以玩玩具，它是一种启智的捷径和娱乐的方式，可以让大人、小孩都通过这一行为变得更加机智聪明。

二、玩具产品的发展现状

在传统玩具的发展历程中，随着社会经济、科学技术、文化艺术的不断发展和提高，人们创造出了许多绚丽多彩、精巧迷人的玩具。因此，玩具也是一定历史时期经济、科学技术、文化艺术及人们生活水平的一个重要体现。不同民族的玩具，会体现出鲜明的民族特色。最早的玩具，如石球，只是生产中常用的一些自然物体而已；当人们掌握了制陶技术以后，那么陶制玩具也随之出现；再后来由于加工工艺的发展和新材料的出现，又产生了布料玩具、塑料玩具等类型。社会在飞速地发展，人们对物质文化的需求不断地提出了更高的要求。现代玩具设计应该与时俱进，把新的科学技术与文化元素纳入其中。

三、玩具产品设计的意义

我国的玩具工业已经历了二十多年的快速成长期，现在开始朝着成熟期过渡。在这个调整期内，玩具企业将面对诸多困难，例如原材料的涨价、劳动力成本的增加，国外投资者向南亚地区转移的趋势，欧美市场对中国产品出口的种种限制，企业之间的低价竞争，外资零售业在中国的纷纷介入等这些不利因素，使得玩具生产更加“微利”。企业要想生存和发展，必须转变经营理念，调整产业结构，开始实施转型战略。日本玩具工业的发展经历了从20世纪60年代为别人加工制造，到80年代开发自己的产品，创造世界名牌，直至今天引导世界玩具发展潮流这样一条成功的道路。我们应该学习日本的先进经验，结合我国的具体国情，摈弃急功近利的思想，走开发创新之路，加强品牌意识，增加企业的综合竞争力，逐步使我国从玩具生产大国向玩具强国迈进。创新是市场竞争的客观需求，是企业生存和发展的内在动力。

第二节　玩具产品的分类

一、毛绒玩具

毛绒玩具是儿童玩具中的一种，毛绒玩具具有造型逼真可爱、触感柔软、不怕挤压、方便清洗、装饰性强、安全性高、适用人群广泛等特点。因此，毛绒玩具无论是作为儿童玩具，还是装饰房屋或作为礼物送人都是很好的选择。

二、电动遥控玩具

电动玩具是一种用微型电动机驱动的机动玩具。其中大多以电池作为能源动力，又称电池玩具。电动玩具是随着电动机的诞生而问世的。遥控玩具，是一种利用无线电遥控器操纵带有无线电信号接收处理器的可运动的一种玩具，无线电信号由遥控器的天线发出，被玩具上的天线接收到后，经过一系列处理流程，控制马达或发动机的运转方向、速度和导向轮的活动，使玩具按操纵者的控制而活动，通过不同按钮的组合可以使电动遥控做出不同的动作。

三、动漫系列玩具

动漫玩具是动漫的衍生物，可以让动漫形象更加深入人心，是产业价值开发和提升的产物。同样，动漫玩具也可能是玩具的衍生物，最初有相同的价值，之后才产生新的意义。动漫玩具是动漫的周边产品，也可以理解为动漫与玩具的结合体，目前是动漫产业的一个重要部分。目前，动漫玩具主要包括动漫扭蛋、动漫玩偶、日本动漫手办和动漫毛绒玩具。

四、模型玩具

模型是实物的缩小版，甚至连性能也和真实的一样，为了吸引孩子，玩具通常比较可爱。玩具和模型的本质是一样的，但是玩具的定义要大于模型。模型是玩具的设计品，是玩具的模板。

五、益智玩具

益智玩具应该分为少儿益智玩具和成人益智玩具，虽然两者的界限不是非常明显，但还是应该加以区分。所谓益智玩具，不管是少儿类的还是成人类的，顾名思义都是可以让我们在玩的过程中开发智力、增长智慧的玩具。

【Mark Giglio的森林家族】

【Enzo Mari的动物拼图】

【丹麦 Kay Bojesen Denmark 木质玩具】

【益智玩具】

▲ 不同类型的益智玩具

▲ 玩具屋

六、减压玩具

减压玩具的首要前提是必须“抗折腾”——无论你怎么挤、压、砸、摔、捏，它都不会坏、不会报废，这样的玩具才是合格的减压玩具。例如，“随便摔灯泡”，外面是软软的塑胶，里面填充着减震的液体，无论怎么摔都能很快地恢复原样。当人们郁闷的时候就拿出来不停地往地上或墙上扔。白领因为加班过度或工作压力过大而患上抑郁症，甚至过劳死的新闻屡见报端，人们开始关注自己的身体健康，也开始重视自己的精神健康。压力是无形的，是精神上的，如果不能及时调整精神上的压力，同样也会造成不良后果。因此，人们在工作之余，可买几款减压玩具来发泄压力，当然，生活压力是普遍存在的，“减压玩具”虽然能暂时缓解压力，但它同时也会强化人的不满情绪，上班族应该正确分析自身的压力源，学会自我调节，寻求多种途径舒缓压力。

第三节 玩具产品的设计趋势

一、设计趋势

在整个社会经济高速发展的今天，物质生活极端丰富，人们更加关注孩子的成长，关注孩子的智力开发。儿童玩具企业依靠新的技术、新的发明来支撑其持续发展，因此对于创新理念的要求空前强烈。如今，我国的社会体制决定了儿童要在一个竞争的环境中成长，他们承受着繁重的学习负担，承载着两代人的厚望，在学校和家庭中辛苦奔走着。所以，设计一款益智的玩具，既可以开发他们的智力，也丰富他们的业余生活。创新理念是玩具设计的灵魂，没有创新就没有市场，没有创新就没有企业的发展，创新的设计理念在玩具设计中是非常重要的。因为儿童的生活发生了巨大变化，媒体行业空前繁荣，具有创新设计理念的玩具得到了市场的青睐。

【北欧极简风格玩具设计 1】

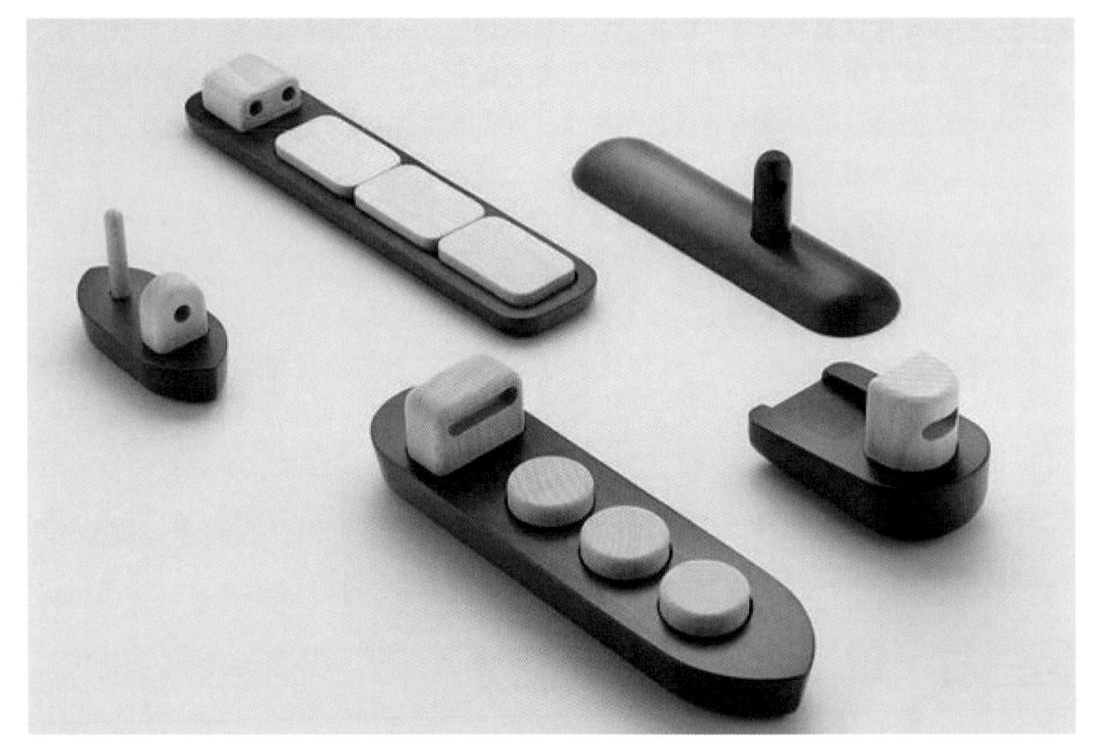

▲ 体验玩具设计一

【北欧极简风格玩具设计 2】

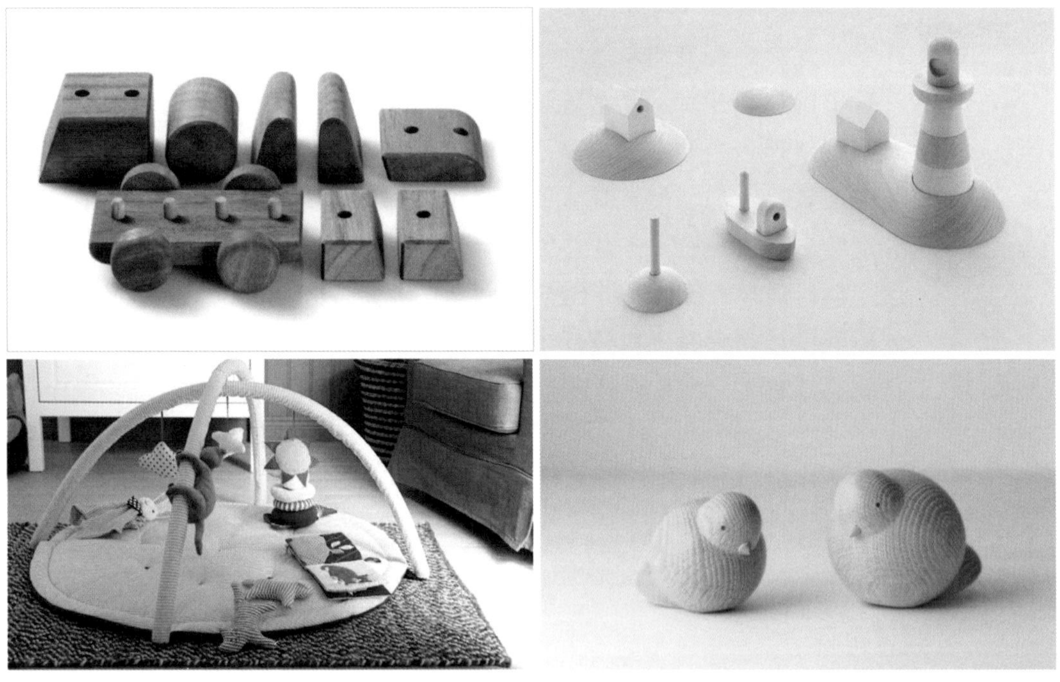

▲ 体验玩具设计二

二、玩具体验

对儿童来说，体验是他们认识世界的一种途径。儿童还处于主客体尚未完全分化的时期，对事物和人都倾向于采取体验的态度。荷兰文化人类学家胡尹青曾说过："玩具的乐趣究竟是什么？为何幼儿要愉快地叫嚷？这是一种被抓住、被震撼、被弄得神魂颠倒的心理状态。"幼儿玩玩具活动突出地表现了体验的特征。玩具的世界就是一个体验的世界。

对成年人来说，体验使他们参与并融入设计中，在商业活动中得到美好的体验过程。体验设计的目的是在设计的产品或服务中融入更多人性化的东西，让用户能更方便地使用，使之更加符合用户的操作习惯。

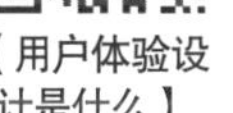

【用户体验设计是什么】

【Take-G 的科技派木偶】

第四节　玩具产品体验设计

在玩具设计的过程中，导入体验设计的理念就是要求设计者在设计的过程中把体验设计看作是一个表达消费者内心需求的方法体系。设计者必须了解玩具消费者购买、使用、享受过程的体验，了解玩具消费者需要什么、想要什么，以及他们的感觉。体验设计把玩具消费者带入设计过程中，在可以确定他们的潜在需求的同时激发更多的设计灵感。如果一个设计者能够成功地发现一个产品最打动消费者的是什么，加上对产品的想象，以及对市场的研究，一个成功的设计便会应运而生。

▲ 玩具产品本能层级体验设计

▲ 玩具产品行为层级体验设计

本能层级的体验设计原理源于人类本能，即于人的生活经验长期积累形成的一种下意识的反映，存在于意识和思维形成前。人类对外界的本能感知主要来源于产品的形态、色彩、表面纹理及质感等，这个层级是实体物质层，是有形的、直观可触的。基于玩具产品的本能层级主要是注重玩具的物质特色表达，可用具象转化的方法将动物形态卡通化。

行为层级的体验设计主要源于人的生活方式、人使用产品的方式、中间过程等，主要表现在产品的功能性、易用性、安全性等方面。宜家的木偶人拥有很多关节，能够模仿很多动作，摆在桌子上，时不时地更换一下造型。时而是奔跑，时而是体操运动，这些都可以充分满足操作者的想象空间。

【David Weeks Studio 的动物木偶】

▲ 玩具产品情感反思层级体验设计

情感反思层级又称精神层、心理层，它是在人看到产品第一印象和产生使用感受后而产生的一种使用感受的反思、产品价值的衡量，对应产品的意识形态层面。对玩具产品而言，反思层可包括产品的故事性、产品情感、产品文化特质，注重产品的内部含义和情感意义等。此类产品主要通过故事情境法、比喻的手法通过产品传递情感内涵，如上图的母子木偶玩具。

第五节 玩具产品设计程序与方法

在玩具开发的过程中，设计师应不断与目标消费群体紧密结合。让消费者参与设计，并与设计师共创产品的设计程序已成为设计发展趋势。玩具设计师应当探索消费者的想象力，构筑消费者的蓝图，成为消费者潜意识需求的发掘者。玩具产品创新设计的程序分为挖掘需求－故事体验－思考设计定位－提炼设计特征－开展设计探索等过程。

玩具设计的过程就是设计师扮演设计师与消费者的双重角色的过程，它将设计者带入产品使用时的情境，以此对产品有关信息进行吸收、转换设计。要求玩具设计师融入消费者，去体验消费者的情感需求的过程。

一、发掘需求

在设计者心中，物体或事件有一个象征意义。象征意义可加强人的感知，它也是体验保持长久、造就顾客忠诚度的重要因素。产品不再是功能和形态的简单再现。它成为社会文化的载体和符号。体验融入文化情景，致使文化在这一经济阶段下有长足的发展。设计师则在符号的创意分析、选择、组合中进行设计，使消费者在符号的能指和所指间找到与自身阶层相符的表达物。象征意义的发掘需要了解社会习惯、流行时尚等，更要研究消费者的心理和行为模式。

▲ 需求分析

二、故事体验

人产生体验的过程可以分为三个阶段。第一阶段是调动人的情绪，主要指环境氛围的渲染。第二阶段是人的注意力转移到引起兴奋的对象。这一阶段，人的兴趣集中于物体的知觉兴趣状态，即人在第一眼所释放出的情感、感觉。第三阶段是人的注意力越过物体的表面，同物体进行互动交流，产生深层次的感觉的反应。这种故事体验可以是行为上的，也可以是心理上的。这时事物与主体的人相互交融、相互渗透，以此引发人相同、相近、相似或相远，相反的思维活动。从体验的过程可以看出，它是一个被动和主动相结合的过程。它既是消费的过程，也是生产的过程。因此，玩具设计不仅要考虑玩具自身的因素，也要注重相关要素之间的相互作用和联系。

三、思考设计定位

将设计理念或者创新点运用到合适的目标人群上，是完美表达和应用产品的基础。在玩具设计中把人体工程学应用其中，根据心理学、解剖学、人体测量学、生理学、生物工程学等相关知识，建立和利用人体模型、各年龄段儿童的力量图表及尺寸数据等，来设计出适合不同年龄儿童需要的玩具。只有高品质的设计，才能将个性化理念更好地呈现出来。

▲ 不同定位的玩具设计

四、提炼设计要素

从卡通、动画、影视及生活中收集相关信息，从中筛选有用的素材后，结合富有想象力和创造力的个性化元素，并记录这些设计构思，有了这些设计构思后，就要将这些方案进行筛选，从中选取可用的设计进行修改、细化。提炼设计要素的方法如下。

(1) 感官层次

形态——圆滑顺畅的曲线处理，能够使玩具的整体造型在视觉上有柔和的效果，让玩家觉得舒适、放松，进而产生好感。

色彩——缓解负面情绪的毛绒玩具多偏向温暖、柔和，明度高、彩度低的颜色。

材质——材质会从视觉和触觉这两个方面影响成人对玩具的情感体验。

(2) 行为层次——参与性

①半成品，类似一些模型，要自己动手组装才能完成。②素材，一些完全需要玩家自己动手制作的玩具。

(3) 反思层次

①自我实现。体现个性，通过益智类玩具实现自我认同与肯定。②蕴含文化。玩具不仅可以在物质层面满足人们的需要，同时在精神层面也能成为一种文化的载体。

五、开展设计探索

通过联想用户的使用情境进一步挖掘设计点，深化产品细节，并制作效果图。

▲ 玩具设计流程及效果图

第六节　玩具产品设计案例分析——十二生肖木制玩具

一、材料与工艺

设计者：李迎新

二、造型推敲

【自制木质玩具】

三、实物场景图

【动物木偶】

第七节　玩具产品设计案例分析——办公室玩具

一、造型推敲

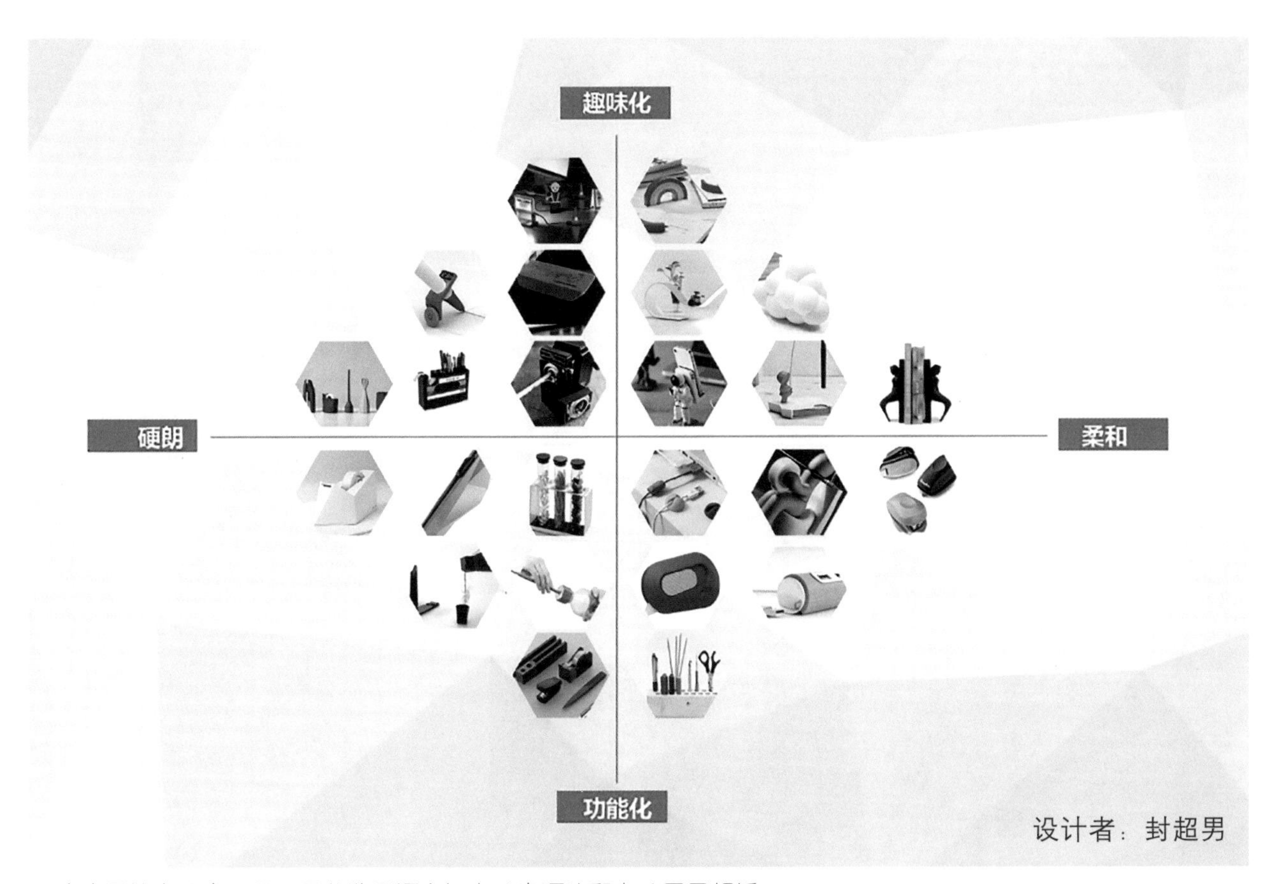

▲ 本产品为办公室玩具，因此造型语言与办公室环境和办公用品相近。

设计意象：有趣味、产品造型较柔和。

二、前期草图

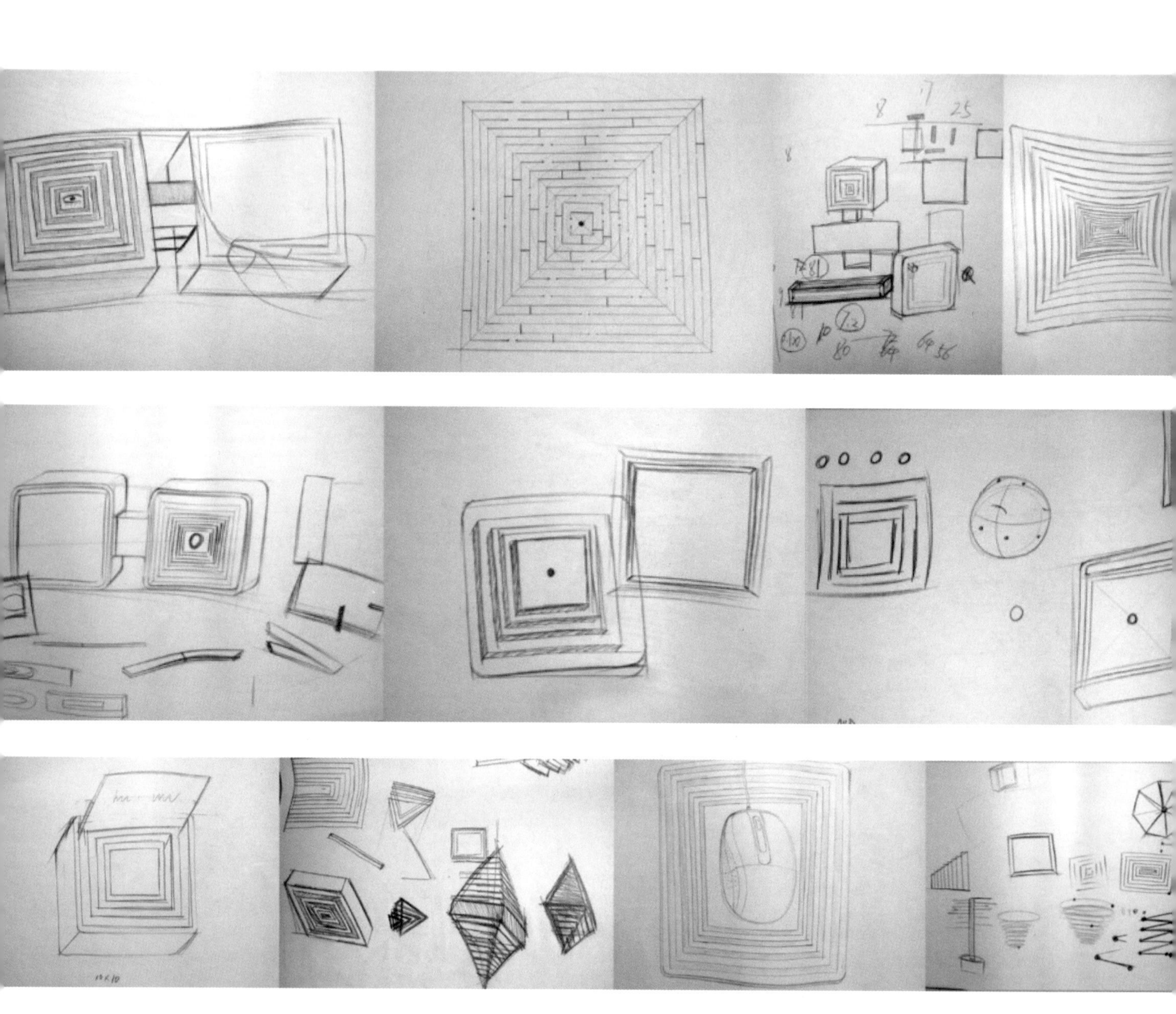

三、设计探索

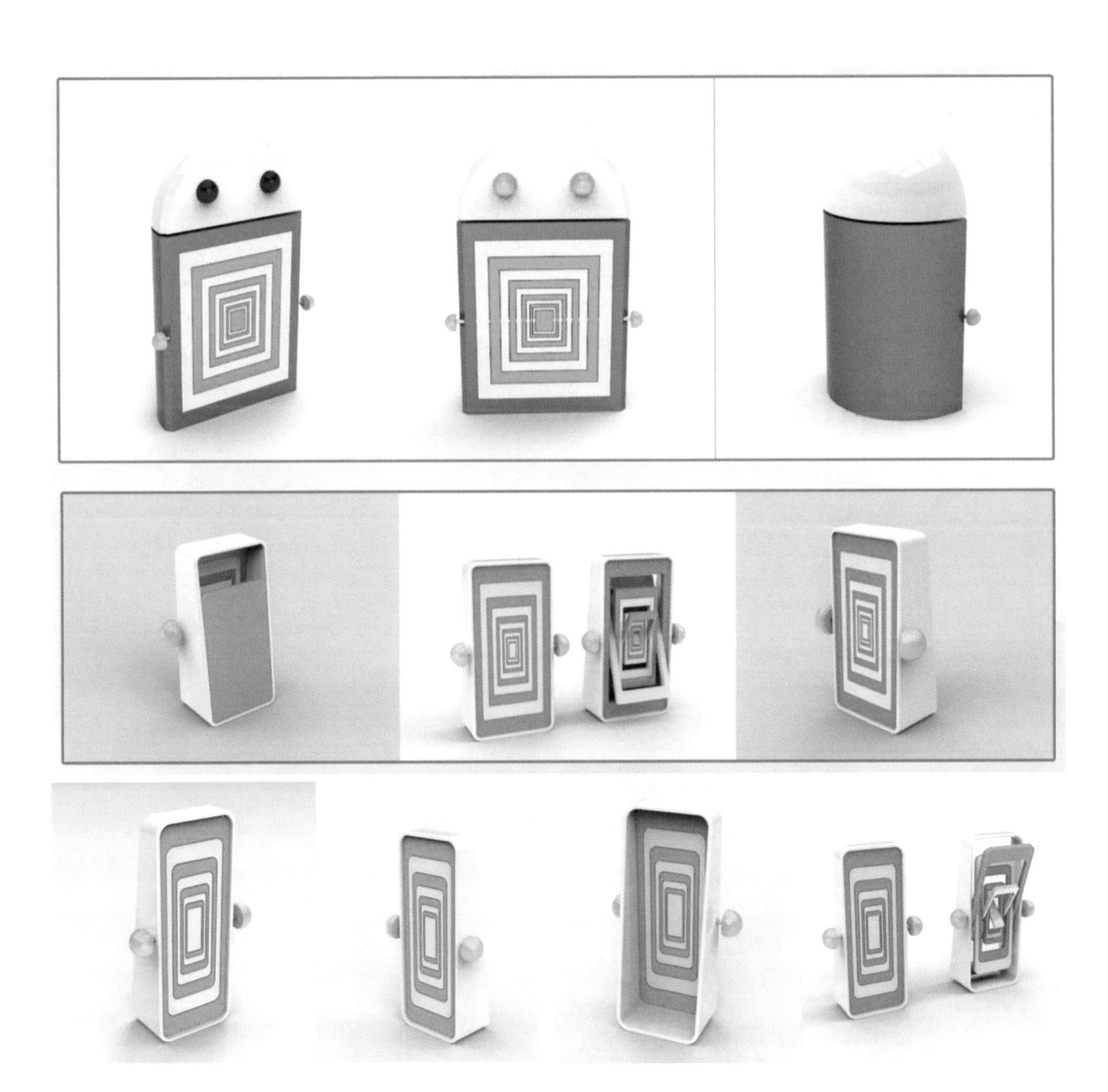

【好玩的木质玩具】

四、最终产品效果图

五、实物场景图

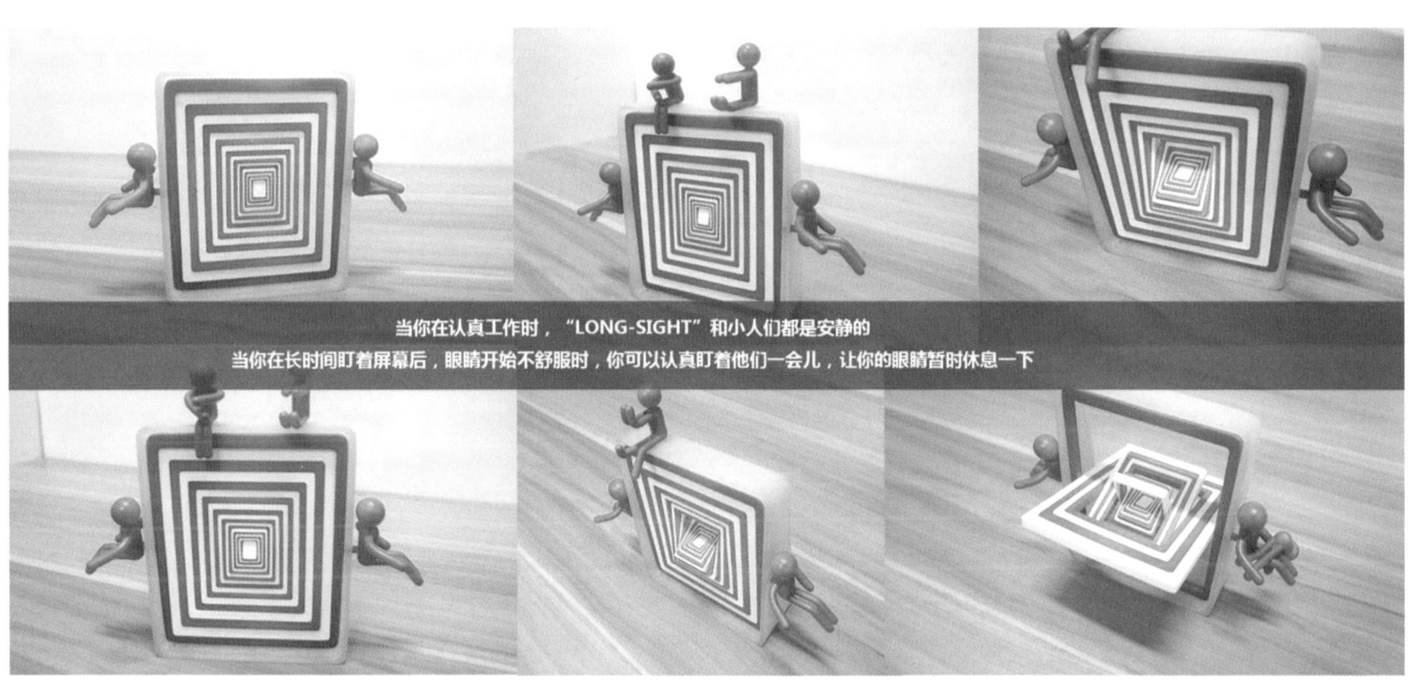

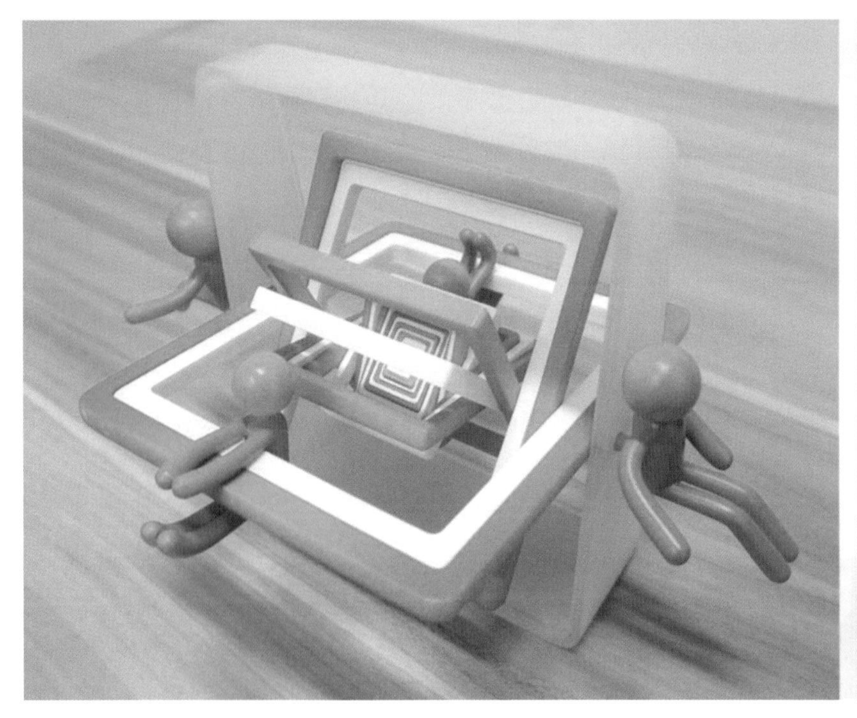

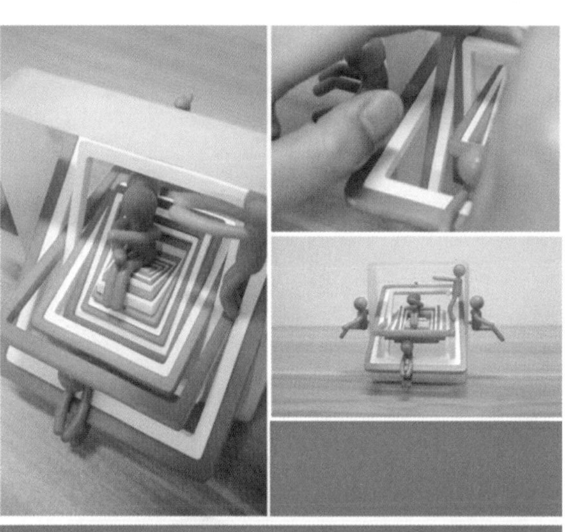

当你不想安安静静地看着它时，就让它转起来吧
你还可以把这里当做“小人”的游乐场，让他们尽情地在里面爬上爬下。小心，让他保持平衡才不会掉哦